# 夢中になる！江戸の数学

桜井　進

# 夢中になる！江戸の数学

## 「算数の心」を求めて

江戸時代、鎖国中の日本には「和算《わさん》」という独自の数学があった。

西洋の数学とはまったく違う道筋をたどり、世界最先端のレベルに発展した日本独自の数学である。

殿様から子供まで、そして全国津々浦々の人々が数学を愛好していた江戸時代の特異性は、庶民の数学のレベルの高さにあった。中でも、寺子屋の教科書として普及した驚異の数学書『塵劫記《じんこうき》』（吉田光由《よしだみつよし》著、1627年）は、当時の人気作家、井原西鶴《いはらさいかく》や十返舎一九《じっぺんしゃいっく》をはるかにしのぐベストセラーになった。まさに「一家に一冊」の必携書と言っていい。

その一方で、関孝和《せきたかかず》をはじめとする多くの和算家が、世界的数学者、ニュートンやライプニッツとほぼ同時期に活躍し、独創的な解法を次々と生み出していたのである。その業績は世界のレベルで見ても引けをとらないどころか、それを凌駕《りょうが》していたものも少なくない。

江戸時代の人々がこれほどまでに数学に熱を上げたのはどうしてなのだろう？

岩手県一関《いちのせき》市は江戸時代から和算の盛んなところだった。今でも村々の神社に奉納された算額《さんがく》が多数残っているし、一関市博物館には和算関係の貴重な資料が所蔵されているので、私も何度か訪れたことがある。一度、私は和算の隆盛に貢献した和算家の一人、千葉胤秀《ちばたねひで》の生家（一関市花泉町）まで足を延ばしたことがある。今ではもう朽ちる寸前だが、かろうじて現存していた。

千葉胤秀は農家の生まれだったが、子供の頃から数学に秀でていたので、藩の家老で和算家の梶山次俊《かじやまつぐとし》に師事した。胤秀は毎日、雨でも雪でも何十キロもの道のりを歩いて師のもとに通ったという。

おそらく当時の多くの子供たちが、同じような努力をして数学を学ぼうとしたのだろう。私は、そこまでして彼らを数学へと駆り立てたものが何だったのか知りたいと思った。

その答えの一端を見つけたと思ったのは、関孝和の第一の後継者である建部賢弘《たけべかたひろ》の著書『不休綴術《ふきゆうてつじゆつ》』の中に、次のような言葉を見つけたときだった。

「算数の心に従うときは泰《やす》し、従わざるときは苦しむ」

古今東西いまだかつて「算数の心」といった数学者を私は建部以外に知らない。だが、これこそが数学に対する日本人の感覚を見事に言い表しているように思えたのである。

「算数の心」とは、数の世界を生きている存在——だからそこには心がある——ととらえたことを意味する。その世界にある調和の調べに建部の心は共鳴した。そのこと自体が建部にとって大切な発見であったのだ。

そして、このときから、私は建部をはじめとする和算家や江戸時代の人々が追求した数学は「数学道」だったのではないかと考えるようになった。

「道」というのは何かに役立てようとする営みではない。あくまで自分を一つの極みにまで引き上げようとする精神活動と言える。だとすれば、数学はまさに「数学道」なのではないだろうか。私たち日本人にとっての数学は一つの「道」なのではないかと。

300年前の建部賢弘の数学と言葉は、世代を超えて今を生きる私たちに響き、生き続けているのだ。

そうした日本独自の「算数の心」を探りつつ、江戸の数学ワールドへ、読者のみなさんをご案内しよう。

桜井　進

夢中になる！江戸の数学

# もくじ

一

# 問

編集協力／岡田仁志
本文デザイン／林　泰（銀河系）

# 第一章

# 大名から子供まで、江戸時代は数学フィーバー

## 受験もないのに数学が流行した江戸時代

中学や高校の期末試験前、数学の勉強をしながら、こんな台詞《せりふ》を吐いて鉛筆を放り投げたことのある人は多いだろう。

「こんなものを勉強して、いったい何の役に立つんだ?」

数学の苦手な人が必ず一度は口にする決まり文句だ。

もちろん、そういう人たちも、算数や数学がまったく役に立たないと思っているわけではない。足し算や引き算などの四則演算《しそくえんざん》は、生活する上で欠かせない能力だと誰もが認めるはずだ。「読み書きそろばん」という言葉もあるくらいだから、「九九なんか覚えなくても生きていける」という人はいない。

ところが、三平方《さんへいほう》の定理だの、2次方程式の解の公式だの、微分積分《びぶんせきぶん》だのという話になると、とたんに「何の役に立つんだ?」となる。「知らなくても生きていくのに困らない」からだ。

小学生の算数レベルでも、「生活必需品」だと思えないものは多い。

たとえば円周率を知らなくても、コンパスがあれば円は描ける。それ以前に、日常生活の中で円を描くことは滅多にない。また、台形の面積を求める必要に迫られる人もほとんどいないだろう。

その意味で、「数学なんか役に立たない」は正論である。理系の専門職として働くのでもないかぎり、三平方の定理や微分積分は生活に必要ない。

しかし、「生活に必要ない」と「やる意味がない」が同じではないのもまた事実だ。たとえば音楽や美術やスポーツも暮らしの役には立たないが、だからといって、それを「やる意味がない」と思う人はいないだろう。

将棋やチェス、テレビゲームなども同じだ。詰め将棋の問題集やゲームの攻略本を熱心に読み耽《ふけ》っている人に向かって、「そんな勉強をして何の役に立つの？」と訊《き》いても、ポカンとされるだけである。

そして日本には、多くの庶民たちが、芸術や娯楽のような感覚で数学を楽しんでいた時代があった。もしタイムマシンに乗って江戸時代に行き、寺子屋で算術を学んでいる子供たちに「それは何の役に立つの？」と訊いたら、やはりポカンとされるだろう。

寺子屋だけではない。数学嫌いの人には信じられないかもしれないが、江戸時代は日本中で数学が「大流行」していたのである。

無論、「役に立つ知識」としての数学も求められてはいた。土木建築や暦づくりに数学は欠かせないので、数学のできる者は幕府にも重用された。寺子屋でも、生活に必要な知識として「読み書きそろばん」を教えていた面は当然ある。

だが、当時の数学はそういう範囲に留まるものではなかった。受験戦争があるわけでもないのに、ふつうの庶民が高度な（そして何の役にも立たない）数学の問題に取り組んでいたのだ。それが、本書で紹介する「和算」の世界である。

## 「算額」という独自の数学文化

そんな和算のシンボルとも言えるのが、「算額《さんがく》」だ。

文字どおり「算術」の問題や解答を木製の「額」にしたもので、現在でも日本各地の神社仏閣に残っている。全国に１０００面近く現存しているから、運が良ければあなたの家の近くの神社などにもあるかもしれない。

蔵の中に眠っているものもあるだろうが、今も祠《ほこら》の中などに掲げられている算額は多

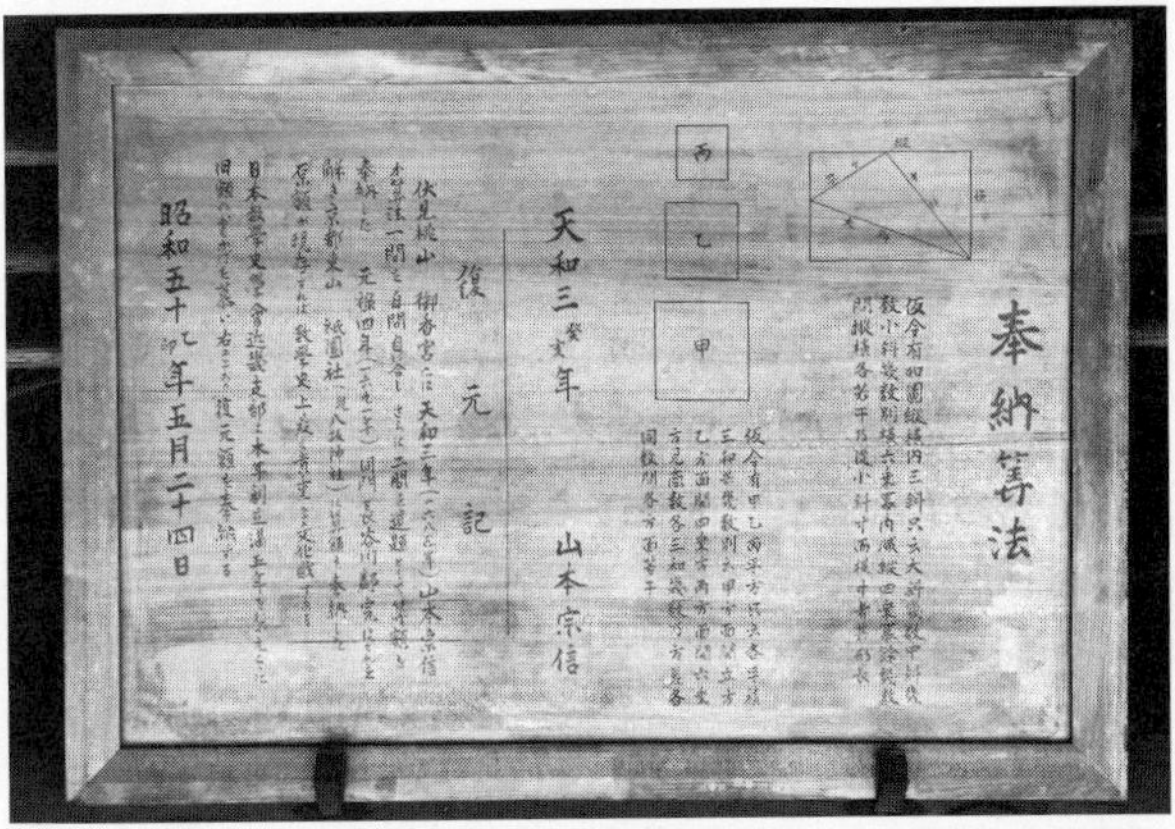


御香宮算額（復元）京都市伏見区　御香宮　天和3年（1683）山本宗信 奉納

い。それを初めて見た現代人は、おそらく奇異な印象を受けるだろう。

そこには円や多角形を組み合わせた複雑な図形などの絵がいくつも並んでおり、一見して数学関係の内容だとわかる。神社仏閣のイメージからはほど遠い。『源氏物語』や『徒然草』の中に突如として数式が出てきたような違和感がある。

だが当時は、「神様仏様」と「数学」が人々の意識の中で共存していた。算額は、数学の問題が解けたことを神仏に感謝するために、人々が絵馬として奉納したものだ。

算額の起源は明らかになっていないが、1681（延宝8）年に書かれた村瀬義益《むらせよします》の『算学淵底記《さんがくえんていき》』という本によれば、17世紀の中頃には江戸の各地に存在したという。京都や大坂には、それ以前からあったらしい。

17世紀後半には、算額に書かれた問題を集めた本も出版された。日本全国に広まったのは、江戸中期。寛政、享和、文化、文政の時代には、年間の算額奉納数が１００以上あったという説もある。

絵馬といえば、今は受験生が合格祈願のために奉納することが多い。いわば「試験問題がうまく解けますように」と神頼みをしているわけだが、無事に解けて合格した後で、「ありがとうございました」と感謝しに行く人はあまりいないだろう。

しかし江戸時代の人々は、入試を受けるわけでもないのに数学の問題に取り組み、解けると神様や仏様に感謝した。難しい問題が解けたのは、目に見えない不思議な力のお陰だと感じられたのかもしれない。

今でも、たとえばオリンピックで勝ったスポーツ選手は「いろいろな人に支えられたお陰です」と感謝の言葉を口にする。作家や画家なども、思いがけないインスピレーションが湧《わ》いたときなどに、人間を超えた神仏の存在を感じることがあるだろう。

それと同じように、江戸時代の日本人には、数学の正解は自分の頭だけで得られるものではないという感覚があった。また、それが自己表現の一種だという点でも、スポーツや芸術と同じだったのかもしれない。

だとすれば、近所の人々が集まる場所に算額を掲げる気持ちもよくわかる。今は学習塾に有名大学合格者の名前がベタベタと張り出されているが、昔は「難しい問題を解いた」こと自体に誇らしさを感じていたわけだ。

また、算額の中には、問題だけを書いたものもあった。そこで新しい難問を発表して、みんなに考えさせようというわけだ。

専門家しか見ない学術書ではなく、誰もが目にする公《おおやけ》の場所に数学の問題が掲示されている風景は、現在の日本では考えられない。たまに学習塾や予備校が電車の中吊り広告に入試問題を載せているが、あれは広告の隅やウェブサイトに答えが書いてある。キャンペーン期間中の企業が出す「プレゼントクイズ」は、たいがい商品名を書けば「正解」になる形式的なものだ。

しかし江戸時代の算額で出された問題は、「解けるものなら解いてみろ」という挑戦的なものだった。

その挑戦を受けて、腕に覚えのある算術好きが「われこそは」と解きにかかる。そして見事に正解にたどり着くと、それをまた算額にして発表したわけだ。その問題に関連した新しい難問を考えて付け加えることもあった。そうやって、コミュニティの中で数学が共有され、次々とリレーされていったのである。

こんな習慣は、世界のどこを探しても江戸時代の日本にしかないだろう。昔の日本人は、単なる「お勉強」では終わらない独自の数学文化を持っていた。

著名な宇宙物理学者フリーマン・ダイソン（1923—）は、和算の独創性と豊かさについて、こう述べている。

「西洋の影響から切り離されていた時代、和算愛好家たちは、芸術と幾何学《きかがく》の結婚ともいうべき算額を創りだした。世界に類のないことだ」

## 『万葉集』に隠されたかけ算九九

では、日本人と数学のユニークな関係はどこから始まったのか。

この日本列島で数学的な営みがいつ始まったのかについて、明確な証拠はない。ただ、「ムラ」や「クニ」といった共同体が生まれた時点で、そこに何らかの「算術」が存在したことは十分に考えられる。

というのも、共同体の運営には、少なくとも測量と暦が不可欠だからだ。農地の面積から作物の出来高を予測したり、太陽や星の動きから種まきや収穫の時期を知るためには、数と計算が必要になる。

たとえば青森県の三内丸山《さんないまるやま》遺跡では、「六本柱建物跡」という巨大な遺構が発見された。文字どおり6本の柱を並べた建築物の跡で、柱を立てていた穴が4・2メートル間隔で整然と並んでいる。穴の幅と深さもすべて2メートルで一致しており、これを作った人々が正確な測量技術を持っていたことがうかがえる。

この三内丸山遺跡は、およそ4000年前から5500年前の縄文時代の大規模集落跡である。つまり日本列島には、縄文時代から「算術」があったことになる。

とはいえ、それは実用的な技術のようなものであって、学問的な体系を持つものではないだろう。「数学」と呼ぶにふさわしい本格的な学問は、縄文に続く弥生時代を飛び越して、古代国家の基礎が築かれた4世紀以降の古墳時代に、朝鮮半島経由で中国から入ってきたと考えられる。

中国では漢の時代に『九章算術《きゅうしょうさんじゅつ》』という数学書が生まれた。そこでは、土地の測量、穀物の換算問題、面積から辺の長さを求める図形問題、連立方程式などを幅広く扱っており、ピタゴラスの定理も出てくる。

そういう最先端の数学を、遣隋使や遣唐使が日本に持ち帰った。奈良時代には、「大学寮」という官僚養成機関の中で、「算生《さんしょう》」と呼ばれる生徒たちがそれを学んだという。

一方、平安時代には実用的な計算が重視され、貴族たちのあいだにはかけ算九九も広まった。日本最古の九九の表は、源為憲《みなもとのためのり》の『口遊《くちずさみ》』という書物に記されている。ただし『万葉集』にも九九を使った言葉遣いがいくつも見られるので、かけ算九九が日本に入ってきたのは平安時代よりも前のようだ。

たとえば『万葉集』には、こんな歌がある。

「若草《わかくさ》の新手枕《にいたまくら》をまきそめて夜をや隔《へだ》てむ憎《にく》くあらなくに」

これを見ても、九九と何の関係があるのかわからないだろう。しかし当時の万葉仮名で書けば、それがどこに隠れているかわかるはずだ。

「若草乃　新手枕乎　巻始而　夜哉将間　二八十一不在国」

9×9＝81だから、「二八十一」を「にくく」と読むわけだ。

別の歌では、「八十一隣之宮尓」を「くくりのみやに」と読ませる例もある。それ以外にも、『万葉集』には九九の語呂合わせが多い。

たとえば「十六待如」は「しし（4×4＝16）まつごとく」、「加是二二知三」は「かくししらさむ」と読む。わざわざ「二二」と2文字使って「し」と読ませるのだから、ほとんど暗号のようなものだ。

昔の日本人の機知が伝わってくると同時に、この時代からすでに「数を遊ぶ」文化があったように感じるのは私だけではないだろう。

## 最先端の出版テクノロジーを駆使した『塵劫記』

しかしこの時代の数学は、まだ日本独自のものではない。室町時代末期には商業活動が活発化し、庶民がソロバンを使って計算を行うようになったが、このソロバンも中国から伝来したものだ。

中国では、1299年に朱世傑《しゅせいけつ》が著した『算学啓蒙《さんがくけいもう》』などの本によって、「天元術《てんげんじゅつ》」という新しい数学が確立された。未知数$x$を求める代数学である。

この本が朝鮮経由で日本に入ってきたのは、16世紀の終わり頃だったらしい。後の和算の発展に大きく関与した本の一つだ。

もう一つ、明代に書かれた程大位《ていだいい》の『算法統宗《さんぽうとうそう》』という本も同じ時期に入ってきた。こちらは、漢代の『九章算術』に出てくる計算問題をソロバンを使ってやるための教科書のようなものだ。

これらの本から中国の数学を吸収した日本は、やがて自分たちのオリジナルな算術書を作るようになる。

その中でも最古と言われているのが『算用記《さんようき》』だ。1600年前後にできたと思われるソロバンの教科書で、著者が誰なのかはわかっていない。

さらに1622年には、毛利重能《もうりしげよし》が『割算書《わりさんしょ》』を書いた。

自ら「割算の天下一」と称して京都で算学塾を開いた毛利重能は、江戸時代を通じて脈々と続いた和算家の系譜におけるルーツのような存在だと言っていいだろう。数百人もの門弟がいたと言われ、その中から歴史に名を残す和算家も育った。

とくに、吉田光由《よしだみつよし》、今村知商《いまむらちしょう》、高原吉種《たかはらよしたね》の三人は「毛利の三子」とも呼ばれる高弟として有名だ。なかでも吉田光由は、和算の発展に大きく寄与した「ベストセラー作家」であった。

吉田は、京都の豪商として有名な角倉《すみのくら》一族のひとりだ。金融業や海外との貿易、土木事業などを手広く行っていた一族である。

大堰《おおい》川や高瀬《たかせ》川などの開削を行い、京都では「水運の父」として知られる角倉了以《りょうい》は、外祖父にあたる。吉田の父は、医者だった。

毛利重能の門下生となった吉田は、ほんの数年で師匠に比肩《ひけん》するレベルの算術家になったようだ。そしてあるとき、『算法統宗』を入手する。一族が明との貿易で漢書を輸入していたので、その中にこの本もあったのだろう。

吉田は、漢学の素養のある角倉了以ら一族の協力を得て、『算法統宗』を勉強した。ソロバンの教科書にすぎなかった『算用記』や師匠の『割算書』とは違い、その本は、数学の基本である命数法や九九などの解説から始まっていた。

そして、師匠の毛利重能が『割算書』を出してからわずか5年後の1627年、吉田はソロバンだけに留まらない一般的な内容の算術書を書き上げる。

それが、江戸時代屈指のベストセラーとなった『塵劫記《じんこうき》』だ。

江戸時代の日本では、1000タイトルを超える数学の本が出版された。これは当時の世界各国と比べてダントツに多い。

その中でも一番よく売れたのが、吉田光由の『塵劫記』である。なにしろ、これは算術の教科書であるにもかかわらず、井原西鶴や十返舎一九といった人気作家の文学作品をはるかに凌駕する部数を売り上げたというのだから凄《すご》い。

解説本や海賊版もあちこちから出版され、『塵劫記』と名のつく本をすべて合わせると、300年間で400タイトルになったと言われている。武士から庶民にいたるまで、ほとんど「一家に一冊」という状態だったのではないだろうか。まさに「算術のバイブル」である。

数学の本がそこまで売れたのは、内容もさることながら、それが本としてよくできていたことが大きい。オリジナルの『塵劫記』は装丁が豪華で、中身にも絵がたくさん入っている。眺めているだけでも楽しい気分になれるような本なのだ。

当時は、そういう本自体が珍しかった。かなり高度な製版技術や製本技術がないと、『塵劫記』のような本は作れない。

吉田がこれを作ることができたのは、彼の家が製版業も営んでいたからだ。自ら磨き上げた算術の知識やノウハウだけでなく、最先端の出版テクノロジーの粋を集めた結果、『塵劫記』は江戸時代を代表する出版物になった。

それだけではない。この本は、日本の印刷技術を発展させる上できわめて大きな役割も果たしている。ある新しい技術が、この本をきっかけに生まれたのだ。

自分の著作物をコピーした海賊版『塵劫記』がたくさん出回るようになったことを受けて、吉田は誰にも真似《まね》のできない新装版を出そうと考えた。初版本はモノクロ印刷だったが、次は四色刷りで出すことにしたのである。

そのために発明されたのが、いわゆる「トンボ」だ。

四色の版画を作る工程を思い浮かべればわかるだろうが、同じ紙に別の色の版を重ねて刷る場合、いかに版ズレを防ぐかが問題になる。そこで、複数の版をぴたりと合わせるためにつける目印が、「トンボ」だ。たとえば雑誌や本のゲラ刷りを見ると、余白の四隅などに十字と円を組み合わせたような印がついている。

このやり方を使って作られたのが、カラー版『塵劫記』だった。これが日本で最初の多色刷りの本と言われている。

その精度を、『塵劫記』は飛躍的に高めた。この算術書の登場によって、日本のカラー印刷技術は中国を抜いたのである。

そしてこの技術革新が、世界に誇る江戸文化の誕生を促《うなが》した。言うまでもないだろう。それは、浮世絵である。最初の多色刷り版画（錦絵）は１７６５（明和２）年のことであった。

あの美しい多色刷りは、トンボの発明なしには実現しなかった。江戸時代に和算ブームを巻き起こした一冊の本が、浮世絵の起爆剤にもなっていたわけだ。江戸文化は『塵劫記』を抜きには語れないと言っても、決して過言ではないだろう。

ちなみに『塵劫記』というタイトルは、天竜寺の玄光という老僧が吉田に頼まれて命名したものだ。その中身を見た玄光は、これが算術の基本を学ぶ本として長く読み継がれることを直観した。「塵劫」という言葉には、「長い年月を経ても変わることのない真理」といったような意味が込められている。

## 「億」は現在の10万、「兆」は１００万

命名の由来からもわかるとおり、『塵劫記』が優れているのは外見ばかりではない。

中身も充実しているからこそ、この本は算術の教科書として江戸時代を通じて読み継がれた。この時代の日本人が世界でも類を見ないほどの数学好きになったのは、『塵劫記』のお陰だと言っていい。

なにしろ室町時代の日本は、大多数の人々がかけ算すらできなかった。ところが江戸時代の中頃には、大勢の人々がソロバンを使い、九九や割り算を覚え、大きい数から小さい数まで自由自在に使いこなすようになっている。中には平方根、立方根、高次方程式などを解く庶民までいた。

その背景にあったのが、『塵劫記』の普及である。数学の問題を解く魅力を、これほど多くの庶民に知らしめることに成功したテキストはほかにない。『塵劫記』によって、日本人の数学センスは劇的に向上した。後に数々の業績を上げた和算家たちも、その大半が幼少期にこの本で勉強したはずだ。

寺子屋の教科書になっただけあって、『塵劫記』の冒頭は数学の「基本の基本」である命数法から始まる。「数の呼び方」だ。

基本とはいえ、一、十、百、千、万……という位の名前をすべて言える人は今の大人でも少ないだろう。最近は経済ニュースで「兆」の上の「京《けい》」を目にすることもあるが、その上となると馴染《なじ》みがない。

| | | |
|---|---|---|
| 一 | いち | $10^{0}$ |
| 十 | じゅう | $10^{1}$ |
| 百 | ひゃく | $10^{2}$ |
| 千 | せん | $10^{3}$ |
| 万 | まん | $10^{4}$ |
| 億 | おく | $10^{8}$ |
| 兆 | ちょう | $10^{12}$ |
| 京 | けい | $10^{16}$ |
| 垓 | がい | $10^{20}$ |
| 秭 | じょ | $10^{24}$ |
| 穣 | じょう | $10^{28}$ |
| 溝 | こう | $10^{32}$ |
| 澗 | かん | $10^{36}$ |
| 正 | せい | $10^{40}$ |
| 載 | さい | $10^{44}$ |
| 極 | ごく | $10^{48}$ |
| 恒河沙 | ごうがしゃ | $10^{56}$ |
| 阿僧祇 | あそうぎ | $10^{64}$ |
| 那由他 | なゆた | $10^{72}$ |
| 不可思議 | ふかしぎ | $10^{80}$ |
| 無量大数 | むりょうたいすう | $10^{88}$ |

念のため紹介しておけば、「京」の上は「垓《がい》」で、さらに「秭《じょ》」「穣《じょう》」「溝《こう》」「澗《かん》」「正《せい》」「載《さい》」「極《ごく》」「恒河《ごうが》沙《しゃ》」「阿僧祇《あそうぎ》」「那由他《なゆた》」「不可思議《ふかしぎ》」「無量大数《むりょうたいすう》」と続く。

最後を「無量」と「大数」に分ける説もあるが、これは『塵劫記』の印刷ミスが原因で生じた誤り。ある版に掲載された命数の一覧表で、「無量大数」の2文字目と3文字目のあいだに罫線に見えるような傷が入ってしまい、別々の言葉だと誤解されたのである。

ちなみに、この命数法は現在と同じようでいて、実は同じではない。

中国の『算法統宗』は現在の日本の命数とほぼ同じだが、当時の日本では、桁《けた》が一つ上がるごとに呼び方が変わる「小乗法《しょうじょうほう》」という命数法を採用していた。

したがって「一」から「万」までは現在と同じだが、『塵劫記』の「一億」は一万の一万倍ではなく10倍、つまり現在の「10万」である。「兆」はその10倍だから現在の1000万、「京」は1000万、その上の「垓」が現在の「億」に相当する。

また、1より小さい数の呼び方も、『塵劫記』と『算法統宗』では少し違う。『算法統宗』は0・1が「一分《ぶ》」、0・01が「一厘《りん》」、以下「毫《もう》」（毛）「糸《し》」「忽《こつ》」と続くが、吉田は0・01を「一分」とし、その前に「両《りょう》」を置いてこれを0・1とした。お金の単位の「一両」は大判の10分の1だから、それを0・1としたほうが身近で覚えやすいと考えたようだ。

この命数法の次は、長さや重さ、面積、体積などの単位の説明が続く。日常生活に密着した内容だ。

鯨尺《くじらじゃく》や曲尺《かねじゃく》などの物差しの使い方、金や銀など金属の比重についても書かれている。これらは農業、工業、商業といった仕事に欠かせない知識である。

**かけ算九九は半分だけ覚えればいい**

その次は、かけ算九九。九九は中国の数学書にもあるが、吉田は『塵劫記』でそれを独自にアレンジした。

中国の九九は「9×9＝81」から始まるが、吉田は「一の段」から覚えるよう順番を変えている。今の小学校二年生が「いんいちがいち」から九九を唱え始めるのも、江戸時代の『塵劫記』が起源なのだ。

ただし後年の改訂版『塵劫記』におけるかけ算九九は、さらにアレンジが加えられ、現在の九九とはひと味違うものになっている。

吉田は、まず「一の段」を省略して「二の段」から覚えるようにした。理由は簡単、「一の段」は無駄だからである。

今の小学校は律儀に「一の段」から唱えさせるが、これは小学生でも内心で「こんなの簡単すぎて覚える必要ないよな」と思っているに違いない。それを省いた吉田の考え方は、現在の教育よりもよほど合理的だ。

この時点で、暗記する数は81個から72個に減った。

それだけではない。さらに後年の改訂版では、それが36個にまで半減している。かけ算は前後を逆にしても答えが同じだから、たとえば「三六、十八」を覚えれば「六三、十八」を覚える必要はない。だから吉田は、半分だけ覚えればいいと考えたのである。

これは、きわめて現実に即した発想だと言えるだろう。

われわれは小学校時代に一の段から九の段まですべて暗誦《あんしょう》させられたが、実際に暗算をするときに、そのすべてを使っているわけではない。たとえば80円の品物を3個買う場合、数式の書き方としては「80×3＝240」が正しいが、心の中では「さんぱ、にじゅうし」と唱えている。「はちさん、にじゅうし」を知らなくても、何の不都合もない。

かつての「ゆとり教育」批判の代名詞にもなった「円周率は3」（実は学習指導要領における円周率の記述は、この時に変更されてはいない）は、小学校の学習内容で乗算が減らされて計算できない子供がいることに原因があった。『塵劫記』の発想は、この逆である。まずは計算力をつけることを前提にプログラムされているからだ。

九九を半分だけしか覚えなくていいとする『塵劫記』の考え方と、円周率は3・14と教えながら、計算ができないから円周率を3で計算してもよいとする現代の考え方には大きな開きがある。

九九を半分だけ覚えればいいのは、それが合理的だからである。だが、円周率を3で計算してもよいことに何の合理性があるだろうか。円周率を3・14で教え、それを乗算できるようにプログラムをつくることこそ合理的といえる。

円周率の話は次章で詳しくするが、それを「3」で教えるのは、数学の面白さを否定するものだ。というのも、もし円周率が3だとすると、円周の長さはその円に内接する正六角形の辺の長さと同じということになってしまう。これがおかしいことは、誰でも直観的にわかるだろう。

円に内接する正六角形の外周は、円の直径の3倍だ。円はその正六角形より「ちょっと大きい」からこそ、円周率も「3よりちょっと大きい」ということになる。そこに気づくところから、数学的な好奇心が芽生えるのである。

なかには、九九を半分だけ覚えるのを「手抜き」のように感じ、「教育上よろしくない」と思う向きもあるだろう。

しかし「いかに手を抜いて楽に計算するか」というのも、数学的なセンス、つまり合理的であるということで大切なのだ。正解にたどり着く道筋をショートカットする方法を考えるところに、数学の美しさがあると言ってもいい。

たとえば、数年前から流行している「インド式計算術」も、面倒な計算をショートカットするためのノウハウだ。

一つだけ例を挙げると、「10の位の数字が同じで、1の位の和が10」になる2ケタの数のかけ算、というのがある。筆算で解くのは面倒だが、これはまずそれぞれの1の位をかけ算し、次に10の位の一方に1を足してかけ算すれば、暗算で答えが出る。

たとえば「23×27」なら、まず「3×7＝21」と計算し、その頭に「2×3＝6」を置いて621。「32×38」なら、「2×8＝16」と「3×4＝12」で、答えは1216だ。

なぜそうなるのかは、各自でお考えいただくのがいいだろう。そこの面白さを味わうことこそが、数学のエレガンスを感じることだからだ。

## 割り算の「九九」もあった

ところで、『塵劫記』が教える九九は、かけ算だけではない。実は、割り算にも九九がある。

　現在はほとんど使わないし、私も暗誦していない。だが、昔はそれを覚えることに大きな意味があった。ソロバンを使う場合、割り算の九九を知っていたほうが計算が速くなるのである。

　吉田が『塵劫記』の叩き台にした中国の『算法統宗』では、この割り算九九のことを「九帰《きゅうき》」と呼んでいた。今の学校で教える割り算を「商除法《しょうじょほう》」と呼ぶのに対して、割り算九九を使うやり方は「帰除法《きじょほう》」という。それが一の段から九の段まであるから、「九帰」というわけだ。

　しかし日本では、これが「八算《はっさん》」となる。1で割るのは覚える必要がないから、二の段から九の段まで8種類で済ませるのである。

　割り算は「余り」が出るので、当然、その九九はかけ算ほど単純ではない。「二一天《にいちてん》」

割り算の九九　割声

| 段 | 算数式 | 割り算の九九 | 読み方 |
| --- | --- | --- | --- |
| 一の段 | 1÷1 | 一進の一十 | いっしんのいちじゅう |
| 二の段 | 1÷2 | 二一天作の五 | にいち てんさくのご |
| | 2÷2 | 二進の一十 | にしんのいちじゅう |
| 三の段 | 1÷3 | 三一三十の一 | さんいち さんじゅうのいち |
| | 2÷3 | 三二六十の二 | さんに ろくじゅうのに |
| | 3÷3 | 三進の一十 | さんしんのいちじゅう |
| 四の段 | 1÷4 | 四一二十の二 | しいち にじゅうのに |
| | 2÷4 | 四二天作の五 | しに てんさくのご |
| | 3÷4 | 四三七十の二 | しさん しちじゅうのに |
| | 4÷4 | 四進の一十 | ししんのいちじゅう |
| 五の段 | 1÷5 | 五一加一 | ごいち かいち |
| | 2÷5 | 五二加二 | ごに かに |
| | 3÷5 | 五三加三 | ごさん かさん |
| | 4÷5 | 五四加四 | ごし かし |
| | 5÷5 | 五進の一十 | ごしんのいちじゅう |
| 六の段 | 1÷6 | 六一加下の四 | ろくいち かがのし |
| | 2÷6 | 六二三十の二 | ろくに さんじゅうのに |
| | 3÷6 | 六三天作の五 | ろくさん てんさくのご |
| | 4÷6 | 六四六十の四 | ろくし ろくじゅうのし |
| | 5÷6 | 六五八十の二 | ろくご はちじゅうのに |
| | 6÷6 | 六進の一十 | ろくしんのいちじゅう |
| 七の段 | 1÷7 | 七一加下の三 | しちいち かがのさん |
| | 2÷7 | 七二加下の六 | しちに かがのろく |
| | 3÷7 | 七三四十の二 | しちさん しじゅうのに |
| | 4÷7 | 七四五十の五 | しちし ごじゅうのご |
| | 5÷7 | 七五七十の一 | しちご しちじゅうのいち |
| | 6÷7 | 七六八十の四 | しちろく はちじゅうのし |
| | 7÷7 | 七進の一十 | しちしんのいちじゅう |
| 八の段 | 1÷8 | 八一加下の二 | はちいち かがのに |
| | 2÷8 | 八二加下の四 | はちに かがのし |
| | 3÷8 | 八三加下の六 | はちさん かがのろく |
| | 4÷8 | 八四天作の五 | はちし てんさくのご |
| | 5÷8 | 八五六十の二 | はちご ろくじゅうのに |
| | 6÷8 | 八六七十の四 | はちろく しちじゅうのし |
| | 7÷8 | 八七八十の六 | はちしち はちじゅうのろく |
| | 8÷8 | 八進の一十 | はっしんのいちじゅう |
| 九の段 | 1÷9 | 九一加下の一 | くいち かがのいち |
| | 2÷9 | 九二加下の二 | くに かがのに |
| | 3÷9 | 九三加下の三 | くさん かがのさん |
| | 4÷9 | 九四加下の四 | くし かがのし |
| | 5÷9 | 九五加下の五 | くご かがのご |
| | 6÷9 | 九六加下の六 | くろく かがのろく |
| | 7÷9 | 九七加下の七 | くしち かがのしち |
| | 8÷9 | 九八加下の八 | くはち かがのはち |
| | 9÷9 | 九進の一十 | くしんのいちじゅう |

123456789÷2
↳1÷2(二一天作の五)→5

523456789
↳2÷2(二進の一十)→10

603456789
↳2÷2→10 1÷2→5

615456789
↳2÷2→10 2÷2→10

617056789
↳2÷2→10 2÷2→10 1÷2→5

617256789
↳2÷2 2÷2 2÷2

617280789
↳2÷2 2÷2 2÷2 1÷2

617283589
↳2÷2 2÷2 2÷2 2÷2

617283909
↳2÷2 2÷2 2÷2 2÷2 1÷2

**617283945**

作《さく》の五《ご》」とか「三《さん》二《に》六十《ろくじゅう》の二《に》」などと唱えるのだが、それだけでは何のことかわからないだろう。これは基本的に、割る数、割られる数、商、余りの順に数字を並べている。「二一天作の五」は「10÷2＝5」、「三二六十の二」は「20÷3＝6あまり2」ということだ。こうして「商と余りをセットで暗記する」のが割り算九九だ。

各段の「割声《わりごえ》（暗誦するときの唱え方）」は別表のとおり。

これを見ながら、「123456789÷2」の計算をしてみよう。一番上の桁から順番に2で割っていくのが基本だから、最初は「1÷2」。「二一天作の五」と唱えながら、1を5と置き換えて「523456789」となる。

次は上から二番目の2を2で割る。「二進《にしん》の一十《いちじゅう》」（にっちんのいんじゅ、とも言う）と唱えて、2を10と置き換える。その「10」の「1」を一番上の5に加えて、「603456789」となる。

次の「3÷2」は、「2÷2」と「1÷2」を別々に計算。まず「二進の一十」で10を加え、次に「二一天作の五」で1を5に置き換える。これで「6154567 89」。こうして下へ下へと割り算九九で数字を置いていくと、最後は「61728394 5」という答えにたどり着く。

ちなみに今でも使われる「二進《にっち》も三進《さっち》もいかない」という言葉は割り算の九九の名残りで、「二でも三でも割り切れない」から転じたものだ。

## 4で割り切れる円周率3・16

さて、命数法から九九までは、『塵劫記』の「入口」のようなものだ。

この本のメインは、その後から始まるソロバンを使った計算法である。実用的な算術教科書としては、そうなるのが当然だろう。「読み書き」に次ぐ基本能力を身につけるのに役立つ本だからこそ、『塵劫記』は長く寺子屋で使われ続けたのだ。

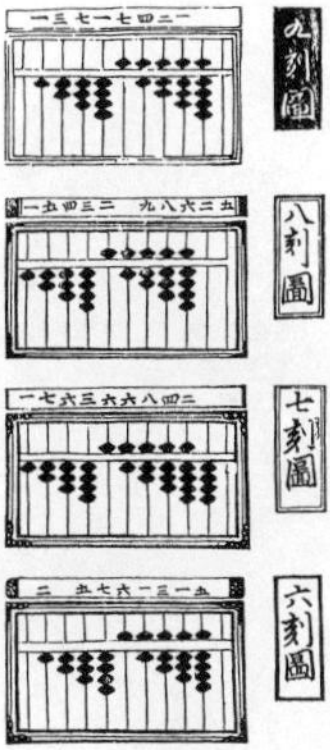


ソロバンの教科書そのものは、『塵劫記』以前にもあった。それこそ、吉田の師匠である毛利重能の『割算書』もそうだ。教える内容も、両者の

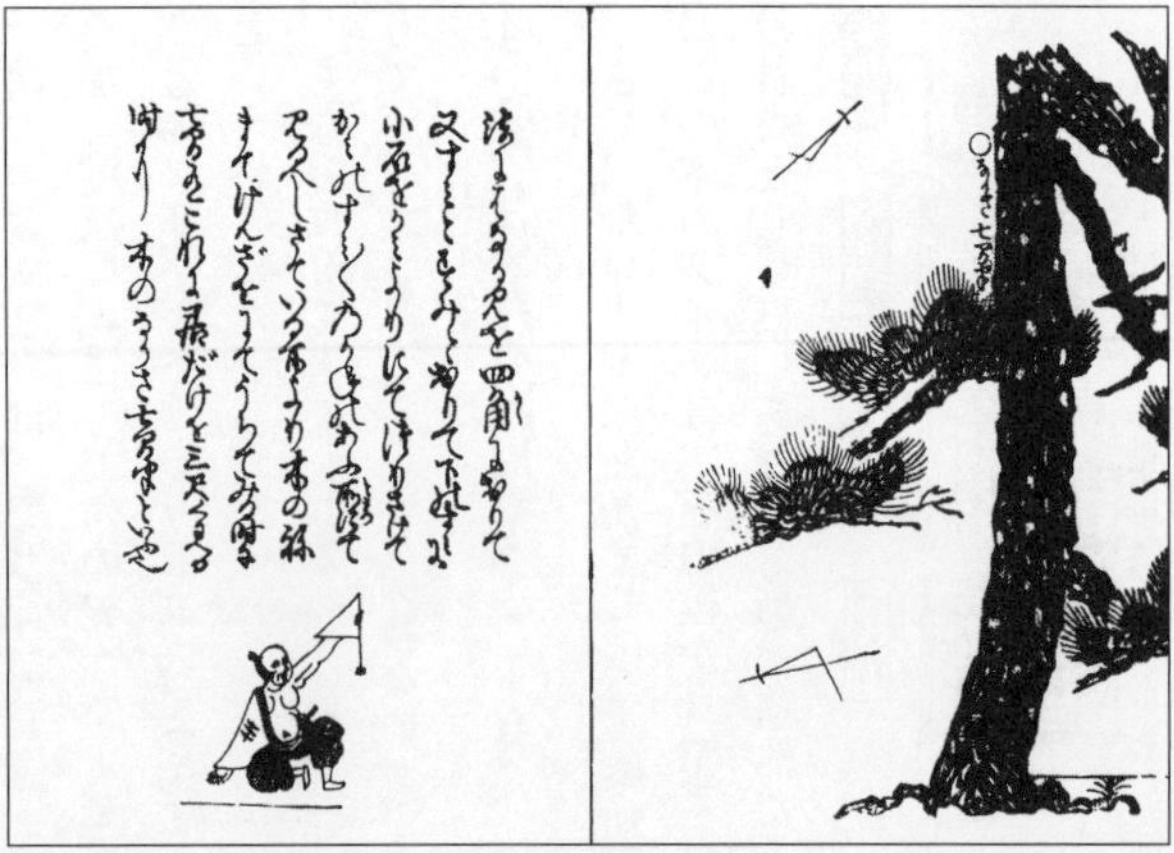

あいだに大差はない。しかし『塵劫記』には、それまでの教科書にはない「売り物」があった。イラストである。ソロバンの玉の動かし方を絵入りで説明したために、小さな子供にもわかりやすくなったわけだ。

ソロバンの基本的な使い方を説明した後は、商取引、計量、測量、両替など日常生活に即した計算問題。たとえば、「銀十匁《もんめ》で四斗《と》三升《しょう》二合《ごう》の米を買えるとすると、八百十石《こく》の米はいくらになるか」といった問題をソロバンで解く方法が解説される。

また、三角形の相似を利用して木の高さを計る方法もある。

「はなかみを四角に折りて、又すみとすみと折りて、下のすみに小石をかみよりにて吊り、さげて紙のすみすみのかねのあふところにて

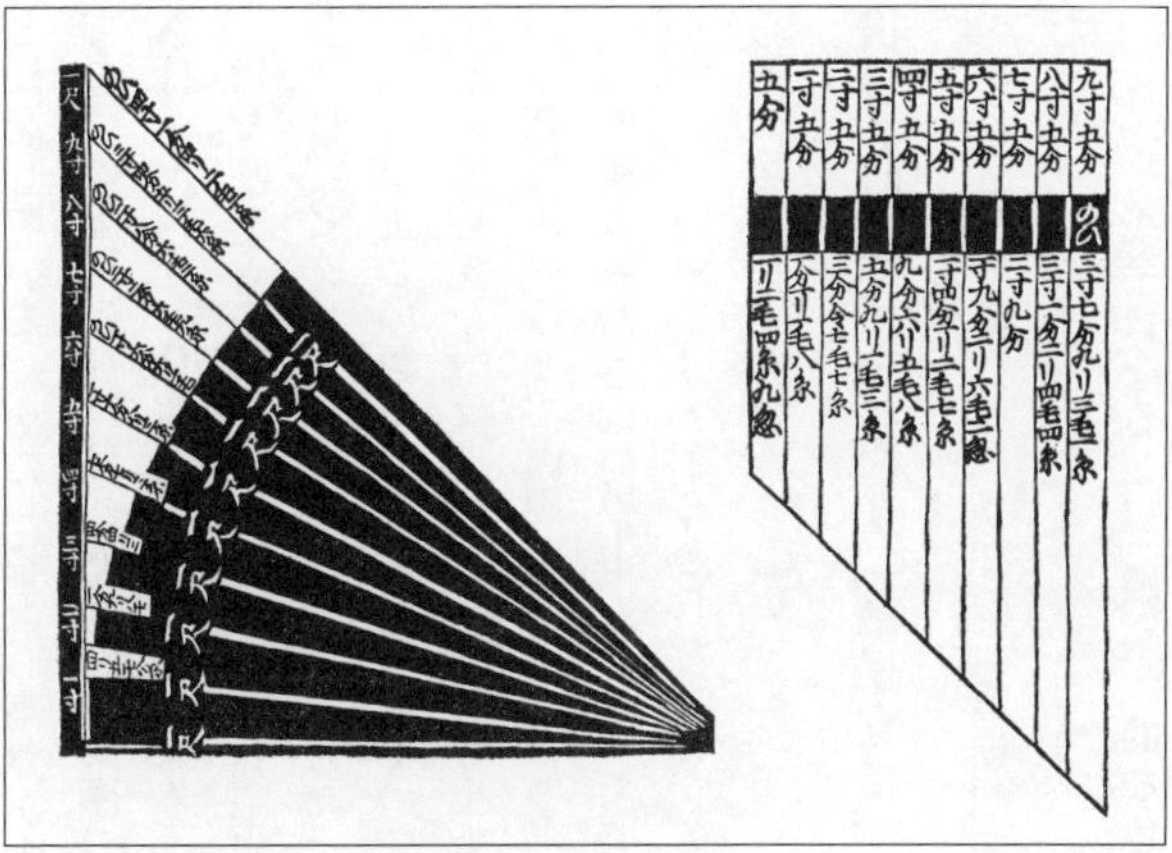


見るべし。さているところより木の根までけんざをにてうちて見る時に、七間あり。これいただけを三尺くわへる時に、木のながさ七間半といふなり」

（口語訳）鼻紙を2つに折って直角二等辺三角形を作る。図のように角に小石をぶら下げる。斜辺の延長に木の頂点がくるように移動し、そうなった地点から木の根本までの長さを測ったら7間であった。地面まで半間ほどの高さであるから、木の高さは7間半ということになる。

上の屋根の勾配によって変わる斜辺の長さを示した図を見てもらいたい。

ここでは、水平方向の長さが1尺の場合の「勾配の延び」がどうなるかを、高さ5分ごとに記している。その一番上、高さが1尺のところが、「直角二等辺三角形」だ。そこでの「勾配の延び」は、四寸一分四厘二毛一糸。これに元の1尺を加えれば、斜辺の長さは一尺四寸一分四厘二毛一糸となる。

言うまでもなく、直角二等辺三角形の3辺の比は「1：1：$\sqrt{2}$」だ。つまり『塵劫記』は、ピタゴラスの定理を踏まえた上で、2の平方根を「1・41421」と小数第5位まで正しい数値で計算しているのである。ちなみに、正三角形の高さや面積を計算するのに必要な$\sqrt{3}$は、1・732と小数第3位まで出している。

それに比べると、円周率のほうはややアバウトだ。

後の和算家たちは何十桁も計算したが、『塵劫記』は初版から後年の改訂版にいたるまで、円周率を3・16とした。3・16は4で割り切れて覚えやすいため、実用面からその数を使い続けたらしい。

**後妻の陰謀が生んだ？「継子立て」**

それも含めて、ここまでの『塵劫記』は実用を重視した生活密着型の内容だと言えるだろう。

しかし後半になると、「娯楽」的な色彩が強くなる。ねずみ算《ざん》、継子《ままこ》立《だ》て、絹盗人《きぬぬすびと》算、入子《いれこ》算、俵杉《たわらすぎ》算といったクイズ風の問題が、楽しげなイラスト付きで並ぶのだ。

おそらく、「和算」という言葉を聞いたときに多くの人が最初に思い浮かべるのが、これらの問題だと思う（ただし、和算の中でももっとも有名な「鶴亀《つるかめ》算」は『塵劫記』には載っていない）。例題は本書の「和算の練習問題」の章で紹介するが、ここで代表的なものをいくつか説明しておこう。

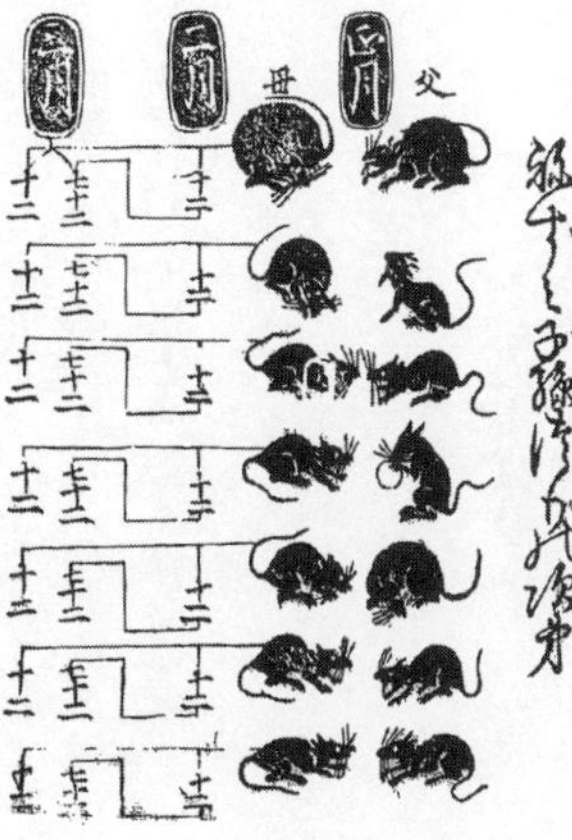


ねずみ算は、いわゆる「ねずみ講」のことを思い出してもらえば、どういう問題かはわかるだろう。

まず、ねずみの夫婦が正月に12匹の子を産む。オスとメスは半々だ。次の月は、親が12匹、その子たちもオスとメスがカップルになってそれぞれ12匹ずつ子を産む。この時点で、ねずみは合計98匹になっている。さて、毎月これをくり返すと、年末の12月には全部で何匹になっているか……という問題だ。

正解は、２７６億８２５７万４４０２匹。その答えを見ただけで、子供たちはビックリし、数の面白さを味わえただろう。

計算のキモは、カップルの数が毎月7倍に増えていくという点だ。2×7の12乗を計算すれば、先ほどの答えになる。

継子立ては、家督相続をめぐって先妻の子と後妻の子が争うという、いささか生臭い設定の問題だ。

30人の子のうち、15人は先妻、もう半分の15人は後妻の子である。その中から跡継ぎを1人選ぶのに、主人はまず池の周りに30人を並べた。そして、ある子から右回りに数えて10番目の子を除き、その隣から数えて10番目もまた除く……という作業をくり返す。それで最後に残った子を跡継ぎにする、というわけである。

ところが、実際にやってみると、14人目まですべて先妻の子が連続して除かれてしまっ

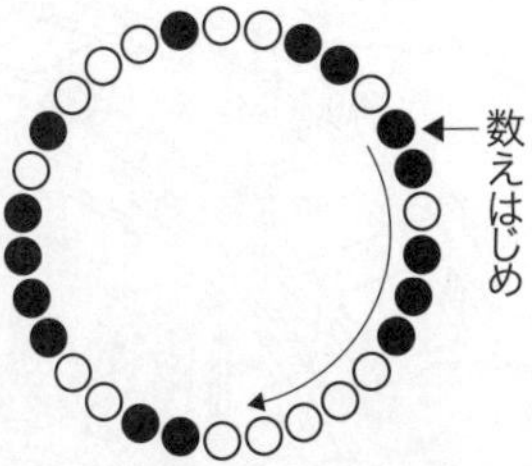


た。自分の子を跡継ぎにしようとした後妻の企《たくら》みによるものだ。もう、先妻の子は1人しか残っていない。

そこで、その残った1人が「あまりに不公平だから、次は私から数えてください」と頼んだ。すると、それ以降は後妻の子ばかりが「10番目」に当たって除かれる。最終的には、先妻の子が残って跡継ぎになった。

さて、最初に30人をどう並べると、このような結果になるか。先妻の子を白、後妻の子を黒の碁石に置き換えて並べてみよ、というのが『塵劫記』で出された問題だ。

正解は、上の図のとおり。考える際は、まず30個全部を黒で並べ、スタート地点から10番目を白に置き換えていけばいい。

## 「もう1セット加える」のが入子算と俵杉算のコツ

絹盗人算は、いわゆる「過不足算」のこと。『塵劫記』では、中国の『算法統宗』に載っている問題と同様、盗人たちが盗品を山分けしているという設定にしたので、そう呼ばれている。1人に8反《たん》ずつ分けると7反足らず、7反ずつ分けると8反余る場合の、盗人と絹の反数を求めさせる問題だ。

この手の問題を小学生の子供に教えるとき、「方程式を使えれば簡単なのに」と頭を抱えたことのある人も多いだろう。小学校では$x$や$y$を使う代数方程式を教えないからだが、それは『塵劫記』も同じこと。そこが知恵の絞りどころだ。

この問題の場合、数だけで考えるのでなく、図形にしてしまうと簡単に解ける。７反ずつ分けて余った８反を１反ずつ配っていくと、７反足りないことになる。８＋７＝15反あれば全員に行き渡るわけだから、盗人の数は15人。そして絹の反数は、8反×15人－7反＝113反（あるいは7反×15人＋8反＝113反）となる。反数をタテ、人数をヨコに表した面積図を描けば、すぐにわかるだろう（詳しくは156ページを参照）。

入子算の「入子」とは、いくつも重ねてしまっておけるよう、サイズを段階的に小さくした鍋などのセットのこ

と。7つ重ねる入子を銀21匁で買った場合、入子1つあたり6分ずつ値段が安いとすると、いちばん小さい入子はいくらか、という問題だ。

考え方はいろいろあるが、いちばん面白いのは「同じ鍋セットをもう1つ買った」と仮定するものだろう。小さい順にイ、ロ、ハ、ニ、ホ、ヘ、トとすると、イとト、ロとヘ、ハとホ、ニとニを足した値段は同じになる。鍋セットは1つ21匁（＝210分）だから、2つで総額420分。したがって1組あたりの値段は420÷7＝60分となり……あとはご自分で考えてほしい。

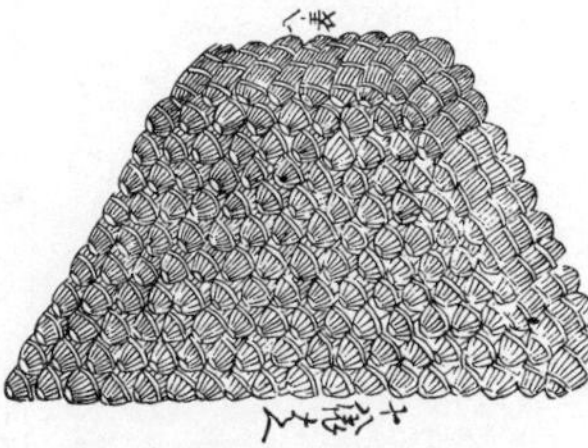

俵杉算は、米俵をピラミッドのように積み上げたときの数を求める問題。いちばん下に18俵を並べた上に1俵ずつ減らして積んだ場合、いちばん上が8俵になったときは全部で何俵か、という問題が『塵劫記』に載っている。これは、米俵の山を「下底が18俵、上底が8俵の台形」だと見なせばいい。その「面積」を出せばいいのだ。

18俵から8俵まで1段ごとに1つ減るのだから、「高さ」は11段。したがって、（18＋8）×11÷2＝143俵が答えとなる。

## パーティでも使える「年齢当て」

油分け算は、今でも子供向けのクイズやパズルの本でよく見かけるタイプの問題だ。『塵劫記』には、「一斗桶に入っている一斗（＝十升）の油を、七升マスと三升マスを使って半分ずつに分けるにはどうすればよいか」という問題が載っている。

与えられたマスで一度に五升を計ることはできないので、何度か油を出し入れしなければならない。

この問題の場合、どうにかして「二升」を計ることができれば、それに三升を加えることで五升にできる。それをどう工夫するかがポイントだ。やり方はいろいろあるが、その中でもっとも手数が少ない方法が正解となる。

では、どうするか。

まず、三升マスで二度、七升マスに油を入れる。この時点で、七升マスの「空き」は一升。だから、次に三升マスで七升マスが満杯になるまで油を入れると、三升マスに二升が残る。七升マスの油を桶に戻して、この二升を入れ、もう一度三升マスで油を入れれば、七升マスに五升、一斗桶にも五升の油が入っていることになるわけだ。

碁石を使ったパズルも、「頭の体操」的で面白い。

たとえば、「百五減算」と呼ばれるものがある。碁石の山から、7個ずつ何度か碁石を取っていくと最後に2個余り、5個ずつ取ると1個余り、3個ずつ取ると2個余る場合、碁石は全部で何個あるかという問題だ。

これは、問題の名前そのものがヒントになっている。「105」は、7と5と3の最小公倍数だ。最後にこの105を引くと正解が出るから、「百五減」という。

では、何から105を引くのか。

まず、7個ずつ取ったときの余りに15をかける。2×15で、30だ。次に5個ずつ取ったときの余り1に21をかけて、21。さらに3個ずつ取ったときの余り2に70をかけて、140。

この30、21、140の和（191）から、105を引けるだけ引くのである。答えは、86。これだけでは、なぜその計算をするのかわからないだろうが、検算すれば正しいことはわかるだろう。

狐につままれたように感じるかもしれないが、これは中国の剰余定理に基づく問題だ。

**【百五減算を利用して相手の年齢を当てる方法】**

「あなたの年齢を3で割った余りを教えてください」と聞いて、
たとえば相手が「1です」と答える。
同様に、5と7で割った余りも尋ねる。 それぞれ「1」「4」という答えを得る。
そこで、1×70＋1×21＋4×15＝151を計算し、
その答えから105を引けるだけ引いていく。151－105＝46
「あなたの年齢は46歳ですね」と言い当てられる。

『塵劫記』では碁石の数を求める問題になっているが、中国の『孫子算経《そんしさんけい》』では相手の「年齢」を当てる方法として紹介されている。

年齢を7、5、3で割ったときの余りを聞けば、それに15、21、70をかけて足し算し、そこから105を引けるだけ引けば年齢がわかるというものだ。パーティの席などで使えるネタかもしれない（※この詳しい考え方は「和算の練習問題」の「十・百五減算」を参照）。

**数学レベルを押し上げた「遺題継承」というシステム**

以上のような「面白ネタ」のほかに、『塵劫記』は「開平《かいへい》」や「開立《かいりつ》」の問題も扱っている。平方根や立方根の計算だ。これはソロバンを使って解くことができる。今でも、ソロバンをやっている人の中には暗算で二乗根や三乗根を計算できる人もいる。この優れた計算道具がほとんど使われなくなったのは、残念でならない。

ともあれ江戸時代の庶民たちは、『塵劫記』を通じてこうした面白い問題に触れ、数学センスを磨いていた。こんな本が「一家に一冊」あったのだから、当時の数学が高いレベルに到達したのも当然だろう。

さらにもう一つ、江戸時代の数学を発達させる上で大きな役割を果たしたシステムが、『塵劫記』にはあった。吉田は、自ら刊行した最後の版で、解答を示さない難問を巻末に付録のように載せたのだ。

これは「遺題《いだい》」と呼ばれており、いわば著者から読者への「挑戦」のようなものだ。吉田が『塵劫記』に遺題を載せたのは、1641（寛永18）年のこと。初版から十数年が経ち、算術がかなり世間に広まっていた頃だ。

遺題を載せるにあたって、吉田は『塵劫記』の中でこんなことを述べている。

「……簡単に云わんとする所を書けば、世の中にはさほど数学の力もないのに塾をつくり、多数の人を教えている人がいる。教わる人から見れば、自分の師が力があるかどうかわからないだろう。そろばんの計算が速いからといって数学の力があるとは決まっていない。ここに法（答えまでの道筋）のない十二問の問題を出しておくから、これで自分の師を試してみればよい」

何であれ、物事が流行すれば、それを利用して安易に商売しようとする者が出てくる

【√2の計算方法】

❶2を小数点以下６桁で表す。

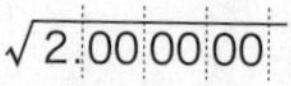


❷1番上の位aを求める。
a×aが２を超えず、その中で最も大きな数がaの値になる。よって a＝1。次に a＋a の値をb、a×aの値をc、2−cの値をdに書く。
よって b=2、c=1、d=1。

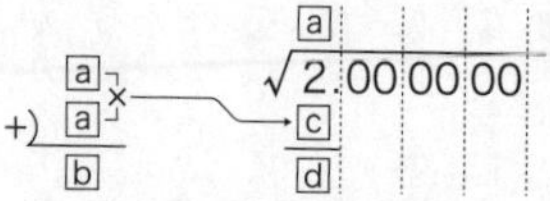


❸00をおろす。2e×eが100を超えないのは e=4のとき。
2e+e の値をfに、
2e×e の値を gに書く。
よって f=28、g=96。
100−gより h=4。

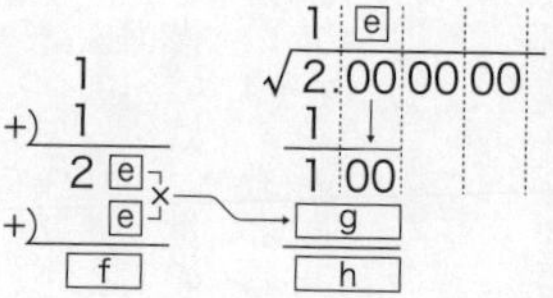


❹ 同様に求めると、28 i×i が400を超えないのは i＝1のとき。以下同様に求めていく。

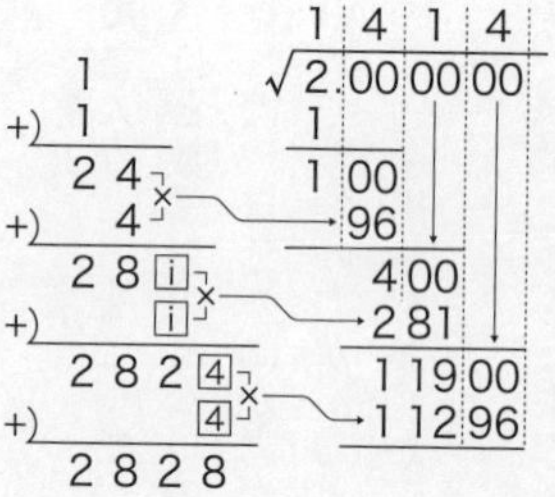

のが世の常である。

当時も、大して算術の力を持ち合わせていないにもかかわらず、塾を開いて教えている者がいたらしい。

教わるほうにしてみれば、自分の「先生」が信用できるかどうか不安だ。そこで吉田は、算術の専門家を名乗る人々の力量を試す「リトマス試験紙」として、解答のない問題を『塵劫記』に載せたのである。

その遺題を、いくつか紹介しておこう。これが解ければ、数学力にかなりの自信を持っていいということになる。

（1）辺$c$を斜辺とする直角三角形の辺の長さが、$a+c=81$、$b+c=72$のとき、$a$、$b$、$c$それぞれの長さを求めよ。

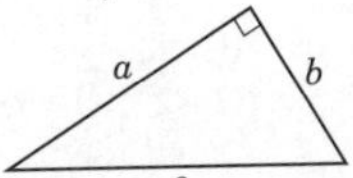


（2）上底の円周が二尺五寸、下底の円周が五尺、高

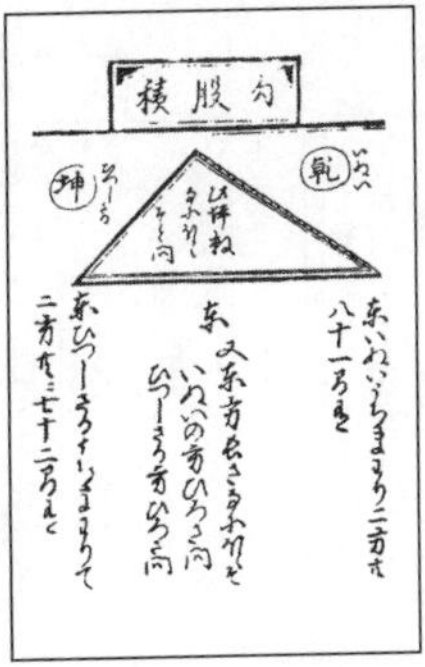


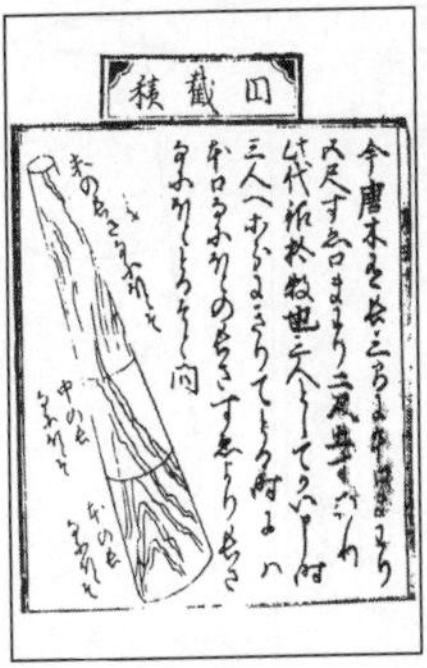

さが三間の円錐台を、体積が等しくなるように三等分したとき、それぞれの高さはいくつか。

（3）松80本と檜50本で銀2貫７９０匁、松１２０本と杉40本で銀2貫３２２匁、杉90本と栗１５０本で銀1貫９３２匁、栗１２０本と檜７本で銀４１９匁のとき、檜、栗、杉、松の値段は1本あたりいくらか。

（4）直径が百間の円形の屋敷を、図のように、平行な二本の弦によって分割し、三人にその面積が二千九百坪、二千五百坪、二千五百坪になるように分けたい。このときの弦の長さおよび矢の長さを求めよ。

最後に挙げたのは、かなりの難問だ。これを解くには、4次方程式を解くことが必要となる。この遺題が出された当時は、誰にも解けない問題だった。塾の二

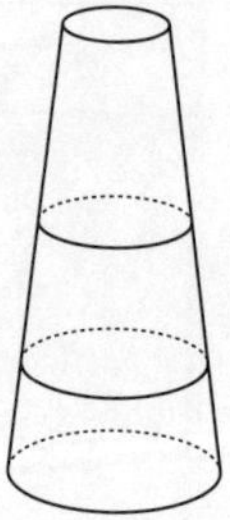

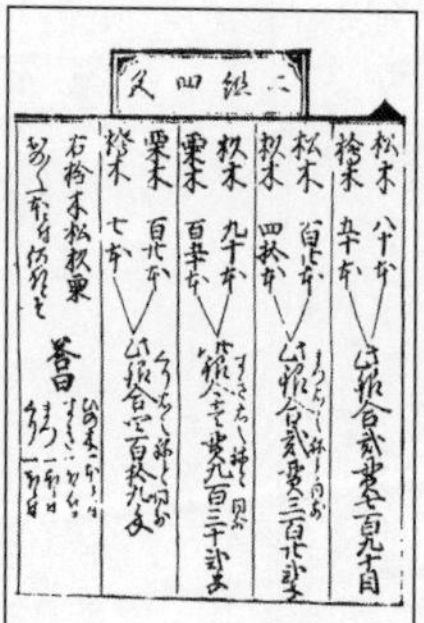

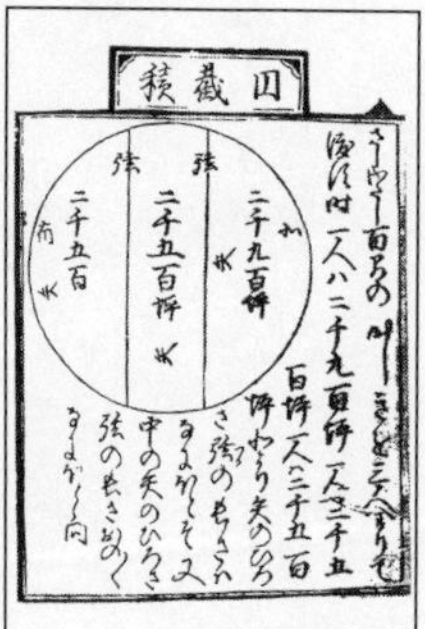

セ教師を試すには、難しすぎる。

したがって、真面目にやっている先生たちにとっては、いささか酷な問題だっただろう。これができないからといってダメ教師の烙印《らくいん》を押されたのでは気の毒だ。

しかし、それほどの難問もあったからこそ、吉田が始めたこの「遺題」というアイデアは、やがて世の数学レベルを上げる原動力となったのである。

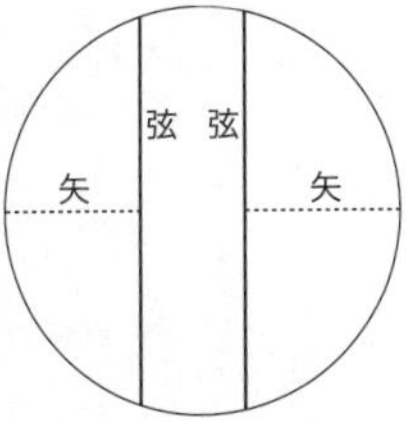


『塵劫記』にかぎらず、当時の算術書にはしばしばそれが載せられた。ミステリー小説の中には、たまに最後の謎解きを書かずに読者に考えさせる作品があるが、算術書の遺題もそれに似ている。読者としては、答えが気になって仕方がないだろう。

問題だけ書かれた算額と同様、この遺題にも多くの人々がチャレンジした。そして問題を解いた者が、それを超える難問を考えて新たな遺題を発表する。

そうやって出題と解答が次々につながっていくのが、「遺題継承」だ。能力のある野心的な和算家たちが遺題継承をくり返し、お互いに切磋琢磨《せっさたくま》することで、江戸時代の数学は飛躍的にレベルアップしていったのである。

その結果、和算は日常生活に密着した『塵劫記』の実用的な世界を飛び越え、きわめて高度な学問となった。

いや、『塵劫記』を超えてからが、本当の意味の「和算」の始まりだと言ったほうがいいかもしれない。『塵劫記』は、あくまでも中国の『算法統宗』を踏まえて吉田が書いたものだからだ。

それを超えたということは、日本の算術が中国を超えたことを意味している。それこそが、日本オリジナルの「和算」と呼べるわけだ。

## 庶民が8次方程式を解く日本

ただし和算が大きく発展した背景には、もう一つ、中国からの影響があった。前にも少し触れた『算学啓蒙』の天元術である。

遺題継承によって高度化した問題は、ソロバンを使うそれまでの単純な計算方法では解けなくなった。そこで未知数 $x$ を求める代数学が必要になったわけだ。

天元術は、未知数を「天元の一」として立てて、それを求める術である。今で言う「一元高次方程式」だ。

ただし、現在のように「$x^2+2x-15=0$」といった数式を書いて解くわけではない。「算木《さんぎ》」と「算盤」という道具を使う。ちなみにソロバンも漢字では「算盤」と書くが、

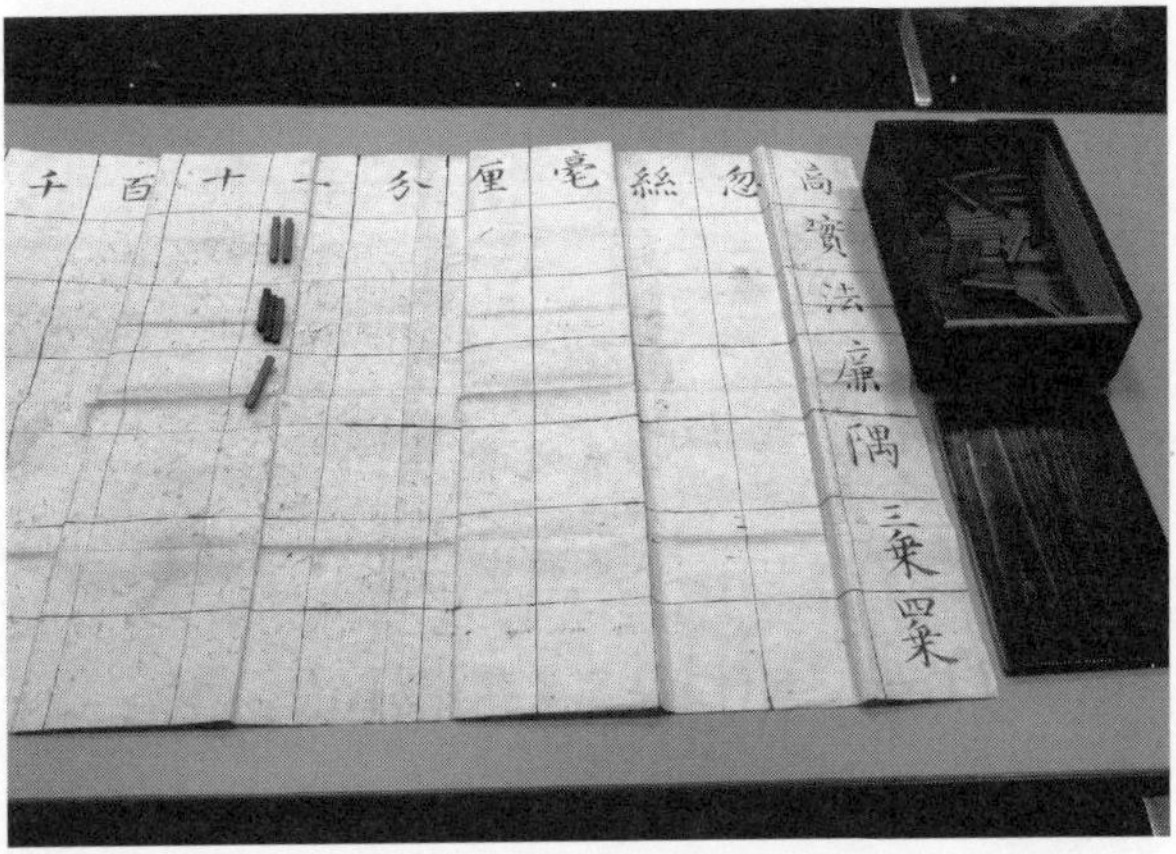

算木

これは別物で「さんばん」と読む。

　算木と算盤は、江戸時代に入ってきたものではない。もっと以前の律令時代に、中国から伝来したと言われている。ソロバンも室町時代には日本にあったが、太閤検地の頃は算木を使っていたという説もあり、江戸時代を迎えるまではこちらのほうが計算道具として一般的だったようだ。

　算木は、長さ5センチほどの木の棒で、麻雀《マージャン》をやる人なら「点棒《てんぼう》」のようなものをイメージすればいいだろう。色は黒と赤。それぞれ、プラスとマイナスの数を表すのに使う。56ページの図のように、「5」まではタテ向きにその本数だけ並べ、「6」から「9」まではヨコの1本を「5」と見なして、その下にタテ棒を並べるのが基本形だ。ロー

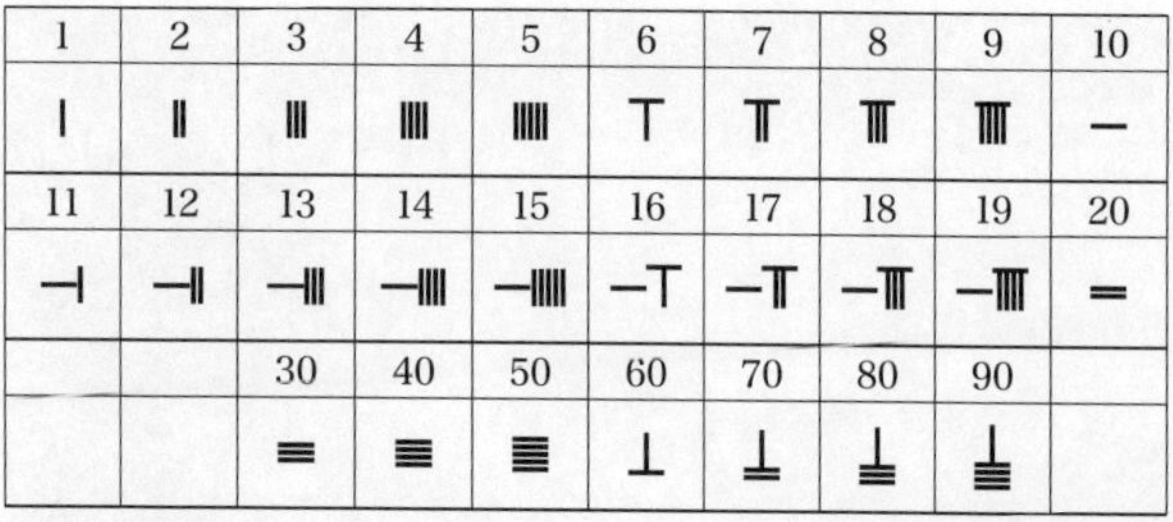


算木の並べ方

マ数字の表記法に似ていると言えるだろう。

その算木を並べて計算を行うフィールドが、算盤である。碁盤のように升目が書かれており、場所ごとに意味が決まっている。先ほどの数式（$x^2+2x-15=0$）を算盤上に表したものを図にしたので、見てほしい。

| 百 | 十 | 一 | 分 | 厘 | |
|---|---|---|---|---|---|
| | | | | | 商 |
| − | 1 | 5 | | | 実 |
| | | 2 | | | 法 |
| | | 1 | | | 廉 |

ヨコ軸が位で、タテ軸は「商」が答え、「実」が定数項（ここでは−15）、「法」「廉」はそれぞれ$x$、$x$の2乗の係数を表している。

この方程式を算盤上で解くやり方は、説明が難しい。簡単な問題の解き方は59ページに記しておくので、興味のある方はそれを見てもらうことにしよう。

これは基本的に、代数演算ではなく、未知数に近似値を当てはめて計算するやり方だ。たとえば2次方程式なら、中学で習った「解の公式」を覚えている人も多いだろう。公式そのものは忘れていても、そういうものが存在することは誰でも知っている。

この公式は、未知数$x$を$x$のまま式変形していく代数計算によって作ったものだ。その公式に方程式の係数を代入すれば、すぐに答えが出る。

それに対して、算木と算盤で方程式を解く場合は、未知数に「だいたいこれぐらいかな」と思われる数字を当てはめて数値計算をしながら、正解を絞り込んでいくような感じだと思えばいいだろう。

もちろん、ただの当てずっぽうで数字を入れるわけではない。うまく近似値を探っていけるような仕組みになっている。

原始的なやり方だと思う人もいるだろうが、算木を侮《あなど》ってはいけない。中学で習う「解の公式」が通用するのは2次方程式だけだが、この天元術では何次方程式でも解くことができた。

たとえば山形県鶴岡《つるおか》市にある遠賀《おが》神社の算額（1695年）には、なんと8次方程式の問題と解が書かれている。「$x^8=386637279427098990084096$」という問題だ。度肝を抜かれるほどのスケールである。また、その答えが888になるというあたりも、洒落《しゃれ》っ気があって面白い。

これを見れば、いかに算木と算盤が優れた計算道具だったかがわかるだろう。現代の電卓も8乗の計算はできるが、24桁まで表示できるものは滅多にない。

また、ふつうの庶民が8次方程式に取り組んでいたというのも驚くべき事実だ。当時の世界でこんなことをやっていたのは、日本だけである。もしヨーロッパの庶民にこの問題を出しても、「どうして自分が8次方程式なんか解かなきゃいけないんだ?」と怪訝《けげん》な顔をされただろう。そんなものにトライする理由がない。

2次方程式 $ax^2+bx+c=0$ の
解の公式

$$x=\frac{-b\pm\sqrt{b^2-4ac}}{2a}$$

しかし日本人は、この何の役にも立たない問題を、知的好奇心だけで計算した。解ければ、算額にして誇示するほどの達成感を得る。この算額ほど雄弁に物語るものはない。数学が「娯楽」として成り立っていたことを、この算額ほど雄弁に物語るものはないかもしれない。

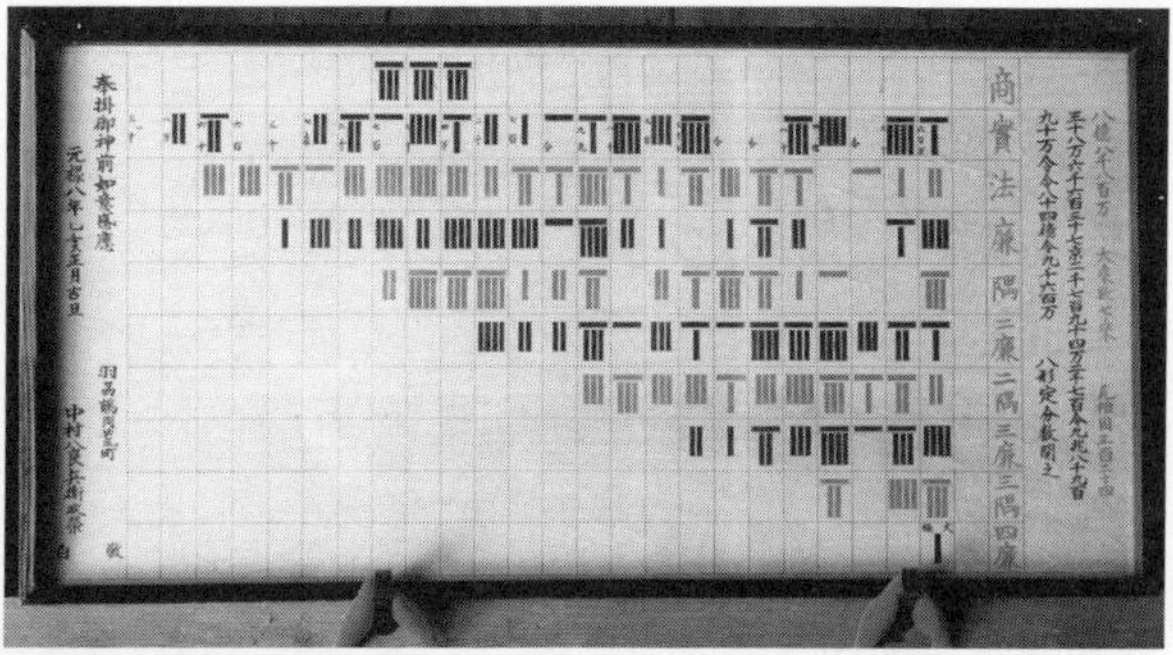

遠賀神社算額(復元)
遠賀神社 山形県鶴岡市遠賀原 元禄8年(1695)中村八郎兵衛政栄 奉納

算木の計算方法

| | |
|---|---|
| $x$ | 商 |
| $c$ | 実 |
| $b$ | 法 |
| $a$ | 廉 |

→

| | |
|---|---|
| $x$ | 商 |
| $c$ | 実 |
| $ax+b$ | 法 |
| $a$ | 廉 |

→

| | |
|---|---|
| $x$ | 商 |
| $(ax+b)x+c$ | 実 |
| $ax+b$ | 法 |
| $a$ | 廉 |

実が0になれば$x$が解である。

まず、仮に$x=3$と考えて、商の欄に3を置く。

| | |
|---|---|
| 3 | 商 |
| $-15$ | 実 |
| 2 | 法 |
| 1 | 廉 |

→

| | |
|---|---|
| 3 | 商 |
| $-15$ | 実 |
| $3\times1+2=5$ | 法 |
| 1 | 廉 |

→

| | |
|---|---|
| 3 | 商 |
| $6\times3-15=0$ | 実 |
| 2 | 法 |
| 1 | 廉 |

実が0になったので$x=3$は解である。

## 「筆算」を作り出した算聖・関孝和

ただ、算木と算盤で8次方程式さえ解けるとはいえ、その作業がかなり厄介《やっかい》なものであることは間違いない。

「どうして紙に字を書いて計算しなかったのか」

と不思議に思っている人も多いだろう。天元術を作った中国は、漢字や紙を発明した国だ。北京五輪の開会式でも、それを誇らしげに強調していた。ところが中国では、その偉大な発明を数学に使うことを考えなかったようだ。

しかし江戸時代の日本では、算木と算盤でやっていた方程式の計算を、筆と紙を使ってやる方法を編み出した人物がいた。

それが、かの関孝和である。

算木と算盤を使う天元術には、計算が簡便ではないという以外にも、重大な難点があった。変数が一つの一元方程式（つまり$x$だけの方程式）しか解け

関 孝和（一関市博物館所蔵）

| 西洋式 | $a+b$ | $a-b$ | $a\times b$ | $a\div b$ | $2a-3b$ | $a\div(b+c)$ |
| --- | --- | --- | --- | --- | --- | --- |
| 傍書法 | \|$a$<br>\|$b$ | \|$a$<br>⫽$b$ | \|$ab$ | $b$\|$a$ | ‖$a$<br>⫻$b$ | $b$<br>$c$ \| $a$ |

関 孝和の傍書法

ないのだ。取り組む問題が高度になれば、当然、$y$や$z$など複数の変数を使う方程式が必要になる。中国の手法では、そこから先に進めない。

それを前進させたのは、先ほど紹介した「遺題継承」のシステムだった。

天元術を熱心に研究したことで知られる和算家・沢口一之《さわぐちかずゆき》の『古今算法記《ここんさんぽうき》』（１６７１年）には、巻末に15問の遺題が掲げられている。いずれも多変数の方程式を必要とする問題なので、中国式の天元術では解けなかった。その解決を、沢口は世の和算家たちに託したのである。

そして、『古今算法記』の遺題にすべて答えたのが、関孝和だった。彼はそれを、１６７４年に出した『発微算法《はつびさんぽう》』という著書の中で発表している。

そこで使われたのが、「傍書法」という手法だ。

関は、紙に「甲」「乙」といった文字を書き並べて計算するやり方を工夫することで、多変数の方程式を解けるようにした。つまり「筆算」を発明したわけだ。

天才和算家として知られる関だが、その数ある業績の中でも、これは最大のものだと言っていいだろう。これによって、和算は先輩の中国を抜き、本格的な高等数学として発展し始めたのである。

関の生まれた年や場所は、諸説あってはっきりしない。生年は1640年前後、出生地は現在の群馬とも東京とも言われている。

かつては「1642年生まれ」というのが定説だったが、これは後年の歴史家による捏造《ねつぞう》だったようだ。どうやらその歴史家は、日本が誇るこの天才和算家を、かのニュートンと同じ年の生まれということにしたかったらしい。歴史の「奇縁」を演出したかった気持ちはわからなくもないところだ。

いずれにしろ、関が生まれたときには、すでに『塵劫記』が存在していた。多くの和算家と同様、少年時代の関もこの本で算術を勉強し始めたという。手にしてから1日か2日ですべての問題を解いたという逸話もあるが、これも真偽のほどはわからない。

算術の師匠は、前述したとおり、毛利重能の門弟だった高原吉種だった。

やがて、甲府藩主の徳川綱重《とくがわつなしげ》、徳川綱豊《つなとよ》（のちの六代将軍家宣《いえのぶ》）に仕えた関は、算術の力量を認められて勘定吟味役となる。そして、綱豊が五代将軍綱吉《つなよし》の養子になったときに、直参の旗本となった。

毛利重能や吉田光由もそうだったように、それまでの和算は京都や大坂を中心に発展していたが、関の登場によって、これ以降は江戸がその中心地となる。傍書法を確立した『発微算法』も、そこで書かれた。

ただし関が『発微算法』の中で、高らかに「筆算の誕生」を宣言したというわけではない。これはあくまでも『古今算法記』の遺題を解くことを目的とした本なので、解にいたるまでのプロセスを省略した部分が多く、傍書法そのものは表に出てこないのだ。それもあって、それが本当に正解なのかどうかを疑問視する声もあったという。

しかし『発微算法』の出版から11年後の1685年、関の弟子が『発微算法演段諺解《えんだんげんかい》』という解説書を書き、師匠の解が正しいことを証明した。その弟子が、建部賢弘である。関ほど名前は知られていないが、彼もまた江戸時代を代表する和算家のひとりだ。

建部については次の章で詳述するが、関のさまざまな業績が後世に伝わったのは、彼を含む門弟たちの努力によるところが大きい。というのも、関が生前に自ら執筆して出版された著作は『発微算法』ただ一冊だけだからだ。

関にとっては、目の前の問題を解き、純粋に数学の世界を探究することが大事だったのだろう。地位や名誉などにはあまり関心がなかったのである。

## 「ベルヌーイの公式」はタッチの差で関孝和が先に発見

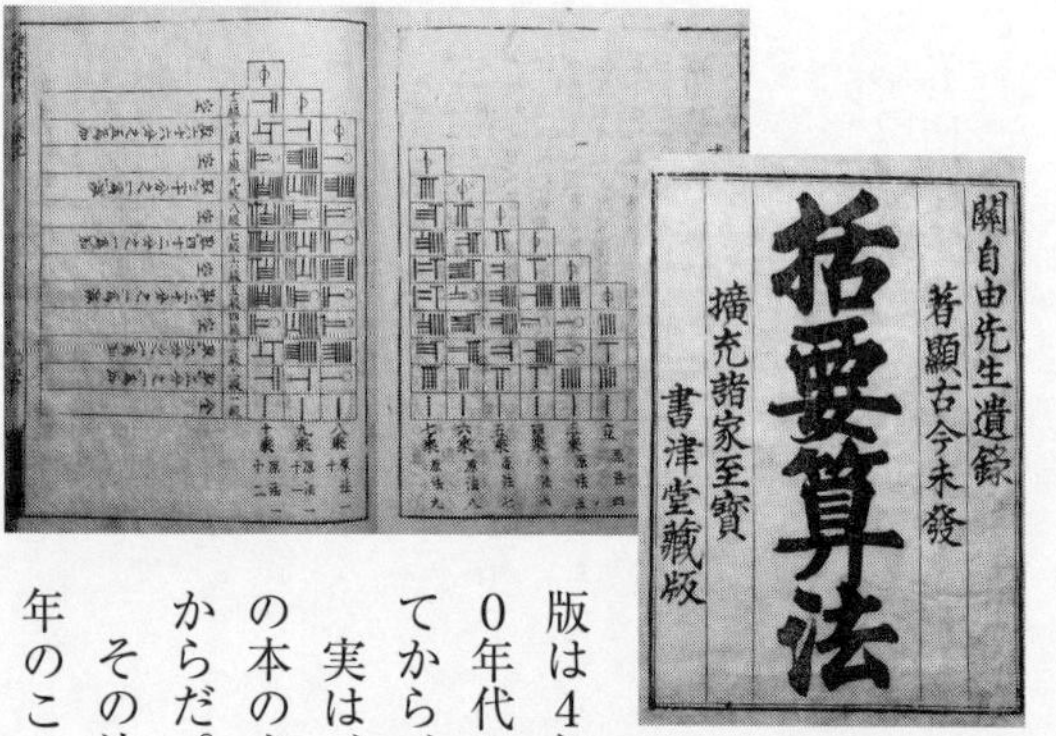


とはいえ、出版にいたらなかった関の遺稿は膨大にある。彼の著作の大半は、それを門弟たちが整理して出版したものだ。

代表作のひとつである『括要算法《かつようさんぽう》』も、そうやって世に送り出された。

関が没したのは１７０８年、『括要算法』の出版は４年後の１７１２年である。その内容は、関が１６８０年代の前半に書いたものだった。執筆から30年近く経ってから、ようやく日の目を見たのである。

実は、その執筆や出版の時期には重要な意味がある。この本の中で、関は世界に先駆けてある法則を発見しているからだ。

その法則が日本以外で最初に発表されたのは、１７１３年のことだった。スイスの数学者ヤコブ・ベルヌーイが

『推論術』という本の中で取り上げた法則だ。そのため、この法則は数学の世界で「ベルヌーイの公式」もしくは「ベルヌーイ数」と呼ばれている。

高校の数学の授業で「数列の和の公式」を習った記憶のある人は多いだろう。自然数の和　1＋2＋3＋…＋n＝n(n＋1)/2、自然数の2乗の和　n(n＋1)(2n＋1)/6、自然数の3乗の和　n(n＋1)/2の2乗　など、いろいろな公式がある。

ベルヌーイの公式は高校では習わないが、これも数列の和を求めるためのものだ。「べき乗数列の和の公式」である。

混同されやすいが、流体力学でよく使う「ベルヌーイの定理」はこれとは別。こちらはヤコブ・ベルヌーイの甥《おい》にあたるダニエル・ベルヌーイが発見した。ちなみにダニエルの父（ヤコブの弟）ヨハン・ベルヌーイも有名な数学者だった。

ベルヌーイの公式については、66ページに結論だけを掲げておくことにしよう。

ここで大事なのは、『括要算法』に書かれた法則がこの公式と正確に対応していることだ。

ヨーロッパの最先端の数学についてまったく情報のない鎖国下の日本で、関は地道な計算をくり返すことで「ベルヌーイの公式」にたどり着いていた。

関・ベルヌーイの公式
(関 1712年 ベルヌーイ1713年 発表)

$$\sum_{i=0}^{n} i^k = \sum_{j=0}^{k} {}_kC_j B_j \frac{n^{k+1-j}}{k+1-j}$$

もちろん、関の門弟たちは、遠い海の彼方で師匠と同じテーマに取り組んでいる数学者がいることなどつゆほども知らなかっただろう。しかし実際には、現代の科学技術開発と同じような激しい先陣争いが、洋の東西で繰り広げられていたわけだ。

そして彼らは、まさに「タッチの差」でヨーロッパに勝った。ベルヌーイの『推論術』が世に出たのは、『括要算法』の1年後である。ベルヌーイは1705年に没しており、そちらも近親者が本人の死後に遺稿をまとめて出版したものだった。

どちらも出版されたのが本人の死後なので、生前の関とベルヌーイが何年にその法則を発見したのかは定かではない。先述のとおり、関は1680年代の前半にそれを書いたと思われるが、ベルヌーイのほうは不明だ。

しかし当時の西欧には、すでにさまざまな分野の科学者たちが「最初の発見者」となるべく競争する意識があった。したがって、自分の発見を長く公表せずに置いておくとは考えにくい。

したがって、おそらくベルヌーイの発見は1705年に亡くなる直前だっただろうと推測される。つまり、実質的な発見時期も、ベルヌーイより関のほうが早かったということだ。

だとすれば、「ベルヌーイの公式」は「関の公式」と呼ばれて然《しか》るべきだろう。せめて、ほぼ同時に発見した両者の功績を讃えて「関・ベルヌーイの公式」と呼びたい。少なくとも、われわれ日本人はそう呼ぶべきだろうと私は思っている。

## 「算数の心に従うときは泰し」

外国の数学者たちと先陣争いをしている意識はなかったが、和算の世界に競争がまったくなかったわけではない。

江戸時代の日本には、さまざまな算術の「流派」があった。華道や茶道などの「家元制度」と同じように、師匠が自分の弟子に奥義を伝授し、それをマスターした者を「免許皆伝」とするシステムがあったのだ。

したがって当然、それぞれの流派はお互いにライバル意識を持つ。その中でも関孝和の「関流」は和算界の頂点をきわめた一派だが、それ以外にも、最上《さいじょう》流、中西《なかにし》流、宅間《たくま》流、中根《なかね》流、千葉流などの多くの流派があった。

ある流派のトップが書いた算術書の中には、「わが答案は○○派よりも短い。したがって自分のほうが優れている」などと、あからさまに他派と比較した文言を記し、「勝利宣言」をしているものもある。同じ問題でも、より簡潔なプロセスで解答を導くほうが偉いというのは、「できるだけエレガントに解きたい」という数学者らしい発想だ。

こうした競争意識のために、逆に重要な発見を公開しないこともあった。よその流派に盗まれないよう、「秘伝」として自分の弟子だけに伝授したのである。このあたりの感覚は、西洋とはかなり違うと言えるだろう。

そういったことも含めて、和算は西洋の数学とは異なる形で発達した。算額を奉納して神仏に感謝するというところからして、西洋とは感覚が違う。

その独特な数学観を端的に表現しているのが、冒頭にも記したが、関の弟子である建部の言葉だろう。彼が多くの弟子に渡した『不休綴術《ふきゅうてつじゅつ》』に記した言葉が、私は大好きだ。

「算数の心に従うときは泰《やす》し、従わざるときは苦しむ」

……算数の心。じつに日本人らしい感覚ではないだろうか。

「数学なんて役に立たない」とうそぶき、その面白さに目を向けない人たちは、それが無機質な記号の羅列にしか見えないのだろう。しかしその「行間」には数学の世界でしか感じられない「心」が込められている。

江戸時代の庶民はそれを読み取る感性があったからこそ、数学を趣味として楽しむことができたに違いない。

ならば現代の日本人も、その「心」を感じ取ればいい。社会全体の数学力を高めたいのであれば、まず「算数の心」を知るための工夫から始めるべきだろう。

われわれが学校で習う算数や数学は、基本的に西洋から輸入したものだ。だから大半の日本人は、それをある種の「外国語」のように感じている。

数学が苦手な人は、しばしば「数式を見ると頭が痛くなる」と言うが、それはアルファベットで書かれた外国語に対する拒絶感と似ているような気がしてならない。無意識のうちに、「これは自分たち日本人の学問ではない」と思い込んでいるわけだ。これでは「算数の心」など感じられるはずがない。

しかしここまで見てきたように、西洋から数学が流入する以前から、日本にはそれがあった。単に「存在した」というだけではない。江戸時代の日本では、世界に類を見ないほど多くの数学書が出版され、関孝和のように西洋の数学者をしのぐ業績を残した和算家も出現した。

関の業績は「関・ベルヌーイの公式」の発見だけではない。代数方程式、ニュートンの近似解法、極大極小理論、終結式と行列式、近似分数、そして次章で取り上げる円周率の計算など、数多くの理論を彼は独学で作り上げた。「西洋の学問」としての数学を勉強したわけではない。

もちろん、その根っこには中国の数学がある。しかし関は「筆算」の発明によって中国の数学を乗り越え、そこから日本独自の数学が発展した。いわば「日本語による日本人のための数学」が始まったのである。

## 日本人にフィットする新たな「傍書法」を考えよう

その意味で、関の考案した「傍書法」は和算を象徴するものだと言えるだろう。今の日本人がそれを使うことはできないが、オリジナルな筆算のスタイルを作り上げるだけの数学的センスが日本人にはある。そのことに、われわれはもっと注目してもいいのではないだろうか。

そもそも、世界共通となっている現在の数式の書き方が確立したのは、20世紀に入ってからのことだ。それ以前は、証明問題のプロセスを文章で説明していた。それをすべて記号だけで書くスタイルにしたのは、フランスのニコラ・ブルバキである。

ちなみに、ブルバキという名前の個人は存在しない。フランスの若手数学者集団が1934年に解析学の教科書を編纂するときに作り出した架空の数学者のペンネームだ。ブルバキは現代数学をまとめた何十巻にも及ぶ教科書を書き、やがてそれが世界各国のお手本となった。

だが、その書式はあらゆるプロセスを記号化し、できるだけ短く表現することを目指しているので、合理的と言えば合理的だが、とっつきにくいと言えばとっつきにくい。いわば暗号のようなものだから、まずさまざまな約束事を覚えなければ理解できないし、慣れるまでにそれなりのトレーニングが必要になる。

そのため大学で理系学部に進んだ学生でも、あの数学特有のフォーマットに馴染めないという人は少なくない。一般の人が「頭が痛くなる」と言うのも当然だろう。

しかしその書式そのものは昔からあったわけではなく、したがってそこに数学の本質があるわけでも何でもない。そんなもののために数学が敬遠されているのだとしたら、こんなに不幸なことはないと思う。

なぜなら、数式を見ると頭が痛くなる人々は、その書式が苦手なだけであって、実は数学的なセンスを十分に持っているかもしれないからだ。もともと日本人は『塵劫記』がベストセラーになるぐらいの数学好きなのだから、現代の日本人に数学嫌いが多いというのは不自然である。

だから私は、本来日本人が持っているはずの数学的センスを掘り起こすために、「日本人が頭の痛くならない数式の書き方」を作ってもいいのではないかと考えている。江戸時代の関孝和にできたのなら、現代のわれわれにもできないことはないだろう。

西欧人はアルファベットと数字しか使えないが、日本人は漢字、ひらがな、カタカナ、ローマ字などさまざまな文字を使うことができる。さらに縦書きにも横書きにも対応できるのだから、西洋流にこだわる必要はない。具体的なアイデアがあるわけではないが、たとえばアラビア数字と漢数字を使い分けるなど、あらゆる文字や表記を駆使した日本人にとってわかりやすい書き方がありそうな気がしてならないのである。

ちょうど、2008年は関孝和の没後300年というメモリアルイヤーだった。その業績を振り返り、「日本人と数学」の関係を考え直す良い機会だろう。

関の作った傍書法は、西洋の数学が入ってくるまで約200年間にわたって使われ続けた。ブルバキの表記法が生まれてからまだ1世紀も経っていないことを考えれば、臆《おく》することはない。これから何百年も通用する新しい数学のやり方を編み出すことが、日本人にはできるはずだ。

私も考えてみるつもりだが、われこそはと思う人は、自分でも考えてみてもらいたい。それを本書における私からの「遺題」とすることにしよう。

# 第二章

# 円周率を求めよ！　和算家たちの挑戦

## 東大の入試問題「円周率が3・05より大きいことを証明せよ」

電車の中吊り広告でもっとも真剣に読まれているのは、週刊誌の見出しだろう。新聞を広げられないような満員電車では、あれが一番の暇つぶしになる。通勤途中にそれをひととおり眺めただけで、記事を読んだ気になっている人は多いはずだ。

では、それに次いで真剣に見てしまう広告は何か。人にもよるだろうが、それはおそらく予備校や学習塾の広告ではないかと思う。

ただし、東大の合格者数をアピールするような内容の中吊りに目を奪われるのは、受験生やその保護者だけ。受験にまったく関係ない人まで真剣にさせてしまうのは、入試問題を掲げたものだ。

そこに「昨年度の○○中学の入試問題より」などと書いてあると、ついムキになって朝から頭をフル回転させてしまう。「小学生に解ける問題なんだから、自分にもできるはずだ」と思うのである。

しかし、これがなかなか難しい。算数や理科はともかく、国語の漢字問題さえできずに自信を喪失した経験が誰にでもあるに違いない。

そんな予備校の広告の中でも、多くの人の挑戦心をかき立てたのは、ある大手予備校が数年前に掲げた数学の問題だ。２００３年度の東大の入試問題である。
ふつうなら「東大」というブランドだけで大半の人が「無理無理」と諦《あきら》めてしまうところだろう。しかし、それは問題がきわめてシンプルなものだったので、「これなら解けるかもしれない」と思わせた。なにしろ、問題文はたった一行だ。

「円周率が３・０５より大きいことを証明せよ」

もちろん、円周率が３・１４と割り切れる数ではないことは多くの人が知っている。３・０５というのは、その「３」と「３・１４」のあいだにある微妙な数である。前章でも述べたように、円周率が３より大きいことを証明するのは簡単だ。円に内接する正六角形の周の長さは直径の３倍だから、円周は当然それより長い。それはわかる。
だが、３・０５倍より長いかどうかは六角形と比べてもわからない。知識としては円周率が３・１４より大きいとわかっているのだから、当然３・０５よりも大きいことも知っているわけだが、それを証明するにはどうしたらいいのか。まさに、遺題を記した算額を見上げる江戸人のような心境である。

## 「内接する正八角形の周」に着目すれば勝ったも同然

一見したときはすぐに証明できそうな気がしたものの、途中で諦めてしまった人もいるだろう。とっつきやすい問題ではあるが、そうは言っても相手は東大なのだから、そんなに簡単なはずがない、という気もしてくる。

しかし実のところ、これはさほど難しい問題ではない。円周率が「3」より大きいことを証明するには内接する正六角形を使えばいいと気づいたなら、その時点でかなり正解に近づいている。

正六角形よりも少し周の長い多角形を考えて、その周が3・05より長いことを証明すればいいのだ。

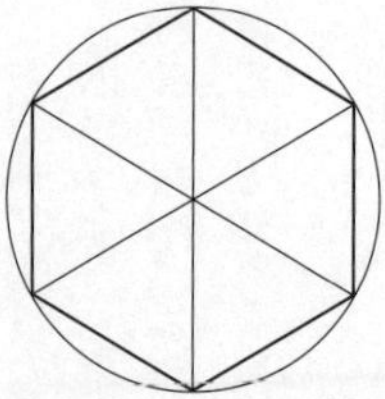

円に内接する正六角形

そもそも、円に内接する正六角形の周が直径の3倍になるのは、図のように対角線で仕切られた6つの三角形が「正三角形」になるからである。

半径を1とすると直径が2、内接する正六角形の周の長さは6であるから、6÷2＝3である。

これを踏まえて考えると、「正六角形よりも少し周の長い多角形」として七角形を使ったのでは都合が悪そうである。３６０度は７で割り切れないからだ。計算する上では、きれいに割り切れたほうがやりやすい。

そこで、とりあえず八角形でやってみようと考える。それで周の長さが直径の３・０５倍以下だったら、次は十二角形でトライする。

そう考えられるかどうかが数学的なセンスであり、この問題を解く上でのポイントだと言えるだろう。

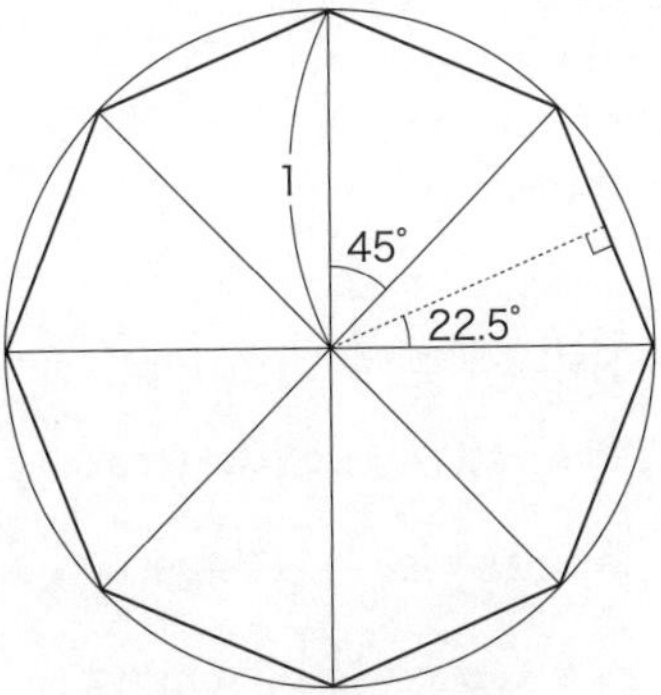

円に内接する正八角形

そこまでたどり着けば、あとは地道に計算すればいい。まずは図のように、円の中心に接する角22・5度の直角三角形を作る。正八角形の周の長さは、その直角三角形の底辺の16倍だ。そして、直角三角形の３辺の比は、３つの角度がわかれば三角関数によって計算できる。計算のプロセスは、以下のとおりだ（78ページ）。

ほかにも証明の方法はいろいろあるが、おそらく正解を出した受験生の多くが、正八角形もしくは正十二角形を使っただろうと思う。

円の半径を1としたとき、
内接する正八角形の周の長さは
$8\times(2\sin 22.5^\circ)=16\sin 22.5^\circ$に等しい。

三角関数「半角の公式」

$\sin^2\frac{\theta}{2}=\frac{1-\cos\theta}{2}$ を用いれば、

周の長さは以下のように書くことができる。

$$16\sin 22.5^\circ=16\sqrt{\frac{1-\cos 45^\circ}{2}}$$

これに $\cos 45^\circ=\frac{\sqrt{2}}{2}$ を代入すれば

$$16\sin 22.5^\circ=16\sqrt{\frac{\frac{2-\sqrt{2}}{2}}{2}}=16\sqrt{\frac{2-\sqrt{2}}{4}}$$

$$=16\times\frac{\sqrt{2-\sqrt{2}}}{2}=8\sqrt{2-\sqrt{2}}$$

円に内接する正八角形の周の長さは
円周よりも短いから

$$\text{円周率}=\frac{\text{円周}}{\text{直径}}>\frac{\text{正八角形の周}}{2}$$

が成り立つ。

$$\left(\frac{8\sqrt{2-\sqrt{2}}}{2}\right)^2=\left(4\sqrt{2-\sqrt{2}}\right)^2=16(2-\sqrt{2})$$

$$>16(2-1.414)=9.376$$

$$>3.05^2=9.3025$$

ゆえに、題意は示された。

## 円周率の歴史

長々と東大の入試問題につきあってもらったのは、江戸時代の和算家たちの気分をちょっと味わってほしかったからだ。

この世に、円周率ほど数学者を惹きつけるテーマはない。円周の長さを計算することは想像以上に難しいことが、その大きな理由である。和算家たちも例外ではなかった。

江戸時代には、関孝和をはじめとして多くの和算家が円周率の計算にチャレンジしている。円周率こそは、和算のレベルの高さを象徴するジャンルだと言っていいだろう。そして、当時の計算方法は、ここで紹介した東大の入試問題の解き方と本質的には同じものだった。

正ｎ角形のｎが大きくなるほど、その周の長さは円周に近づき、精度が高まる。それが円周率を求める上での基本的な考え方だ。

これは、江戸時代に始まったことではない。

人類は紀元前２０００年頃から、正多角形を利用して円周率を求めようとしていた。古代バビロニアでは、円に内接する正六角形の周が直径の3倍であることから、３＋1/7や3＋1/8などを円周率の近似値として使っていたらしい。

それから数百年後の古代エジプトでは、256/81（約3.1605）という近似値を得ていたという。ただし、これは内接する正多角形と円の「周」を比較するのではなく、それぞれの「面積」を比較して計算したものだ。円周÷直径の値と、円の面積÷半径の2乗の値が同じだと証明したのは紀元前3世紀のアルキメデスだが、その１５００年前の古代エジプトでも、それが経験的に知られていたのである。

さらに紀元前5世紀のヘラクレアでは、円に内接する正多角形だけでなく、外接する正多角形の面積も求めて、「上」と「下」から挟み込むような形で円周率の近似値を得る試みも始まった。たとえば正八角形なら、先に示したとおり「内接」の周は３・０５より大きいが、円に外接する正八角形の周は３・１５より小さい。したがって、円周率は$3.05<\pi<3.15$の範囲内にあることになる。多角形の角が多くなるほど、その範囲を狭められるわけだ。

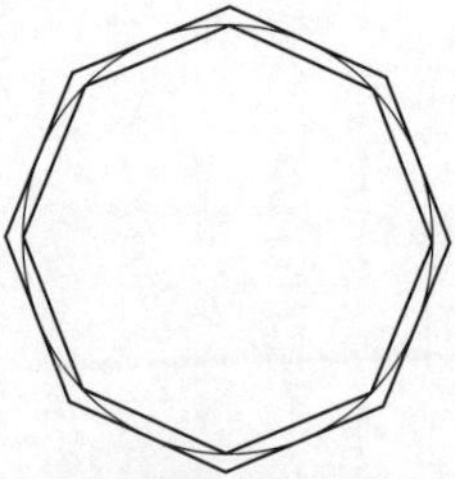

円に内接する正八角と
外接する正八角形

中国では後漢の時代（２世紀）に、円に外接する正方形の周と比較することで、円周率を$\sqrt{10}$と算出した。10の平方根と円周率が一致するとしたら、これは実に美しい。実際には近似値にすぎなかったわけだが、発見したときは「これは凄い！」と数の神秘に感動して、この数で間違いないと思い込んだ面もあったのではないだろうか。

ちなみに$\sqrt{10}$は約３・１６２なので、あまり精度が高いとは言えない。しかし実はこれが、『塵劫記』が円理（円周率）として採用した「３・１６」の根拠だった。

ただし中国では５世紀に、天文学者の祖沖之《そちゅうし》が、$3.1415926<\pi<3.1415927$という精度まで円周率を計算している。

ヨーロッパでこれを上回る値が出たのは、１０００年以上も後の１５９３年のこと。

フランス人のフランソワ・ビエタという人が、3.141592653 5 < π < 3.1415926537を弾き出している。

## 無理数と超越数

そもそも円周率には終わりがないのだから、それ自体が気の遠くなるような存在である。「π」という一文字で表せる定数であるにもかかわらず、どこまで計算しても終わらないのが不思議なところであり、数学者の意欲をかき立てるところだ。

ただし、最初から円周率が無限に続くものだとわかっていたわけではない。ドイツのランベルトによって、円周率が有理数ではないことが証明されたのは、1761年のことである。それまでは、有理数である可能性を残しながら計算されていたということだ。

有理数とは「2つの整数による分数で表せる数」のことであり、無理数は逆に「分数で表せない数」のことである。つまり「比」で表せるかどうかということだから、むしろ「有比数」「無比数」と名付けたほうがよかったかもしれない。実際、英語では有理数のことを「rational number」と呼ぶ。「rational」は「合理的な」の意もあるが、ここでは「比ratio」のことだ。

もちろん有理数にも「1/3」や「1/7」など割り切れずに無限に続く数はあるが、

これは途中で必ず同じパターンのくり返し（循環小数）になる。それに対して、$\sqrt{2}$や$\pi$などの無理数は循環しない。

ただし、$\sqrt{2}$と$\pi$は、循環せず無限に続くという点では同じだが、実は別の種類の数である。無理数には2つの種類があるのだ。

$\sqrt{2}$や$\sqrt{3}$は、「代数的無理数」と呼ばれている。簡単に言えば、「方程式の解になっている無理数」ということだ。

正確に言うと「有理係数の代数方程式の解」となるのだが、それはともかく、$\sqrt{2}$が$x^2-2=0$の解、$\sqrt{3}$が$x^2-3=0$の解であるということである。

それに対して、円周率$\pi$は、方程式の解にはならない。$\pi$を導き出すような方程式は存在しないのだ。そこが、$\sqrt{2}$とは根本的に違う。

そして、このような無理数のことを「超越数」と呼ぶ。分数でも代数方程式でも表せないが、たしかに存在する数。それが円というあの完璧なプロポーションの図形の中にあると思うと、実に不思議な気分だ。

## 自然現象を支配する超越数「ネイピア数$e$」

いささか話は逸れるが、この世に存在する超越数は$\pi$だけではない。実は、代数的な数よりも超越数のほうが多いことがわかっている。驚くべきことに、われわれが目にする数は大半が代数的な数だが、超越数のほうが圧倒的に多いのだ。

それは、1874年にゲオルク・カントールという数学者によって証明された。「集合論」の理論体系を作り上げたことで知られる人物だ。

カントールはその理論によって「無限」というテーマに取り組み、たとえば自然数と有理数が同じ数だけ存在していることも証明した。どちらも無限に存在するので、その数が同じと言われても、ふつうの人には何のことやらわからないだろう。

超越数についても同様で、無限に存在する「代数的な数」よりも超越数が多いというのは、いかにも謎めいている。まるで「宇宙の外側」の話をしているようだ。

しかも、そのたくさんある超越数を具体的に挙げようとしても、挙げることができない。就職の面接試験で「キミは具体的に何ができるの？」と質問されて、「とくに何とは言えませんが、私は何でもできます」と答えているようなものである。そんな学生のタワゴトは誰も信用しないだろう。

だが、「超越数は代数的な数よりも多い」というのは決してタワゴトではない。数学的に証明された真理なのだ。

とはいえ、まったく具体例が挙げられないわけではない。$\pi$以外の超越数としてもっともよく知られているのは、自然対数の底《てい》である「ネイピア数$e$」だ。$e$ = 2.718281828459045235360287471352……と循環せずに無限に続く。

ここでは、あまりに煩雑になるので、「自然対数とは何か」という話はしない。読者諸氏には、自然現象を数式で表したときに、この「$e$」がしばしば顔を出すということだけ知っておいてもらえばいいだろう。

たとえば、肉まんをコンビニの保温ケースから取り出すと、その温度はかなり急速に下がっていく。唐突に下世話な風景を持ち出したので面食らうかもしれないが、この自然現象に顔を出すのが「$e$」という超越数である。

その温度の変化を、横軸に時間、縦軸に温度差を取ったグラフにすると、当然だが右下がりの曲線になる。これが「指数曲

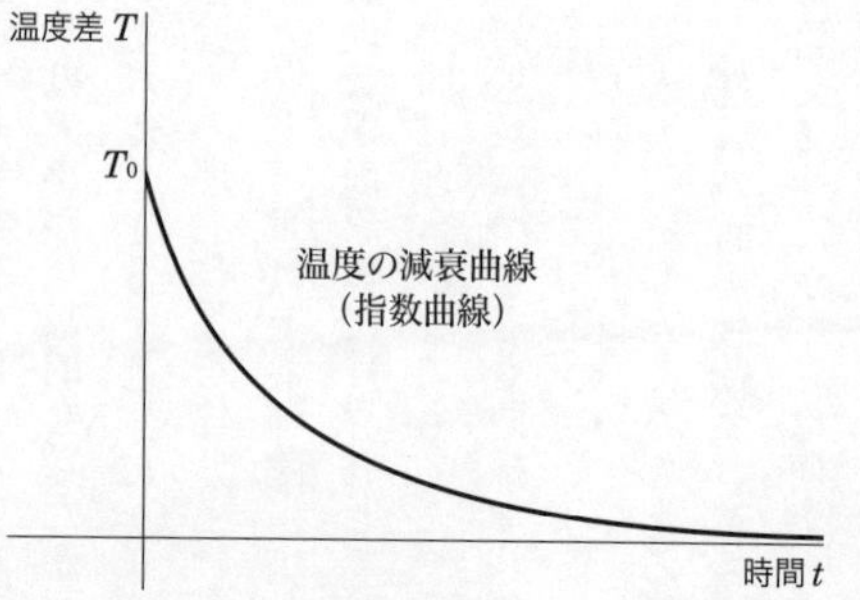


微分方程式　$\frac{dT}{dt}=-kT$

これを解くと　$T=T_0e^{-kt}$

（$k$：正の定数　$T_0$：$t=0$のときの温度差）

線」と呼ばれるものだ。もちろん、肉まんでなくてもかまわない。沸騰したヤカンのお湯であれ、お風呂のお湯であれ、温めるのをやめたところから、温度は指数曲線を描いて下がっていく。その下がり具合を、「$e$」の指数関数として表すことができるのである。

このように、指数曲線を表す微分方程式を解くと、最後に「$e$」が登場する。お湯が冷めるという自然現象を、この超越数が支配しているわけだ。

## 「$e$の$\pi$乗」は超越数か？

この「$e$」は、対数の研究を行ったイギリスの数学者ジョン・ネイピア（1550—1617）の名を取って「ネイピア数」とも呼ばれる。発見したのはオイラー（1707—1783）で、「Euler」の頭文字を取って「$e$」と呼ばれている。

これが超越数であることは、シャルル・エルミートによって1873年に証明された。一方、円周率が超越数であることをフェルディナント・フォン・リンデマンが証明したのは、1882年。その証明にリンデマンが使ったオイラーの公式は、数学の世界でもっとも有名なものだと言えるだろう。

『博士の愛した数式』(原作・小川洋子)という映画を見た人なら、知っているはずだ。
そこで紹介されるのは、こんな公式である。

$$e^{i\pi} = -1$$

$i$とは、虚数単位である。「2乗してマイナス1になる数」という摩訶《まか》不思議な存在だ。これを習ったあたりから数学の授業についていけなくなった人も多いかもしれない。無限に続く超越数$e$を$i$乗するというだけで混乱するが、オイラーの公式ではそれをさらに$\pi$乗する。

それが、なんと「マイナス1」というシンプルな答えになるのだ。意味はわからないかもしれないが、「なんだか凄い」ということは感じてもらえると思う。

$e$と$\pi$以外には、たとえば「$e$の$\pi$乗」が超越数であることも証明されている。超越数を超越数乗すれば超越数になるのは当たり前だと思うかもしれないが、数学の世界では「直観的に正しいこと」をきちんと証明するのが容易ではない。

実際、数学の難問には「誰もが直感や経験で正しいと思っていること」を証明させるものが多い。

たとえば有名な「四色問題」もそうだ。どんな地図でも四色あれば塗り分けられることは昔から知られていたが、それが数学的に証明されるまでにはかなりの時間が必要だった。

たとえ何億種類もの地図を塗り分けてみせても、「塗り分けられない地図がひとつもない」ことを証明するのは大変だ。

超越数については、こんな問題が出されたこともあった。ドイツの数学者ヒルベルトが、1900年に当時の未解決問題をまとめ、和算でいうところの「遺題」として、国際数学者会議で提出した「ヒルベルトの23の問題」の中の第7問である。「種々の数の無理性と超越性」と題された項目には、次の問題がある。

「代数的数 $a$、代数的無理数 $b$ に対し、$a$ の $b$ 乗は超越数か？」

これはたとえば、2の$\sqrt{2}$乗のような数である。この問題は、1934年にゲルフォントとシュナイダーによって肯定的に証明された。

## πは究極の「ランダム」か？

ともあれ、超越数は数の世界の奥深さを感じさせてくれる。それが隠れているからこそ、「円」は数学者にとって大事な図形なのだ。

古今東西の数学者が、その図形に立ち向かい、頭を悩ませてきた。ある意味で、円ほど数学者をムキにさせる素材はないと言ってもいいだろう。

だからこそ、それが絶対に循環せず無限に続き、さらに超越数であることが証明されて以降も、延々と円周率を計算し続ける人たちがいる。その競争に終わりがないことはわかっているのに、やめることはできない。それほどまでに、円は人間の知的好奇心を刺激する図形だということだ。

現在、コンピュータを使った円周率の計算は、10兆桁に達している。そこまで計算をして何の意味があるのか、ふつうの感覚では理解できないだろう。

1兆桁でも1京桁でも存在することはとっくにわかっているのだし、「次の数字」が0から9までの10種類のどれかだということもわかっている。どこまで桁数が増えようが、もはや驚くような発見は生まれない……と、考える人がいてもおかしくはない。

しかし実は、現在でも円周率の計算には数学的な意味が大いにある。円周率の「正体」にはまだ不明な点があり、それを突き止めるには、延々と計算を続けることが重要なのだ。

それは、この$\pi$の小数点以下の数の並びが「ランダム」なものかどうか、ということだ。1兆桁を超えた現在の段階では、円周率には0から9までの数字がランダムに出てくるように見える。つまりサイコロの目と同様に、確率的には10個の数字が均等に現れるということだ。

しかし、その状態がこの先も続くかどうかはわからない。もしかしたら、1京桁を超えたあたりからは9個以下の数しか現れず、その後は永遠に出てこない数があるかもしれないのである。

無限に続く小数の中で、0～9の数が偏りなく一様に分布し、均等な頻度で登場する（これを「乱数列」という）性質を持つものを、数学用語で「正規数」と呼ぶ。では、実数の中にどれだけ正規数があるかというと、これがよくわからない。

一般的には、ほとんどの実数が正規数だと考えられているが、超越数と同様、「これが正規数です」と具体的に挙げられるものはごくわずかだ。$\sqrt{2}$や$e$はいずれも正規数だと考えられてはいるものの、その真偽はわかっていない。$\pi$も同じである。おそらく正規数だろうと予想されているが、まだ証明はされていない。「1兆桁も計算してランダムなんだから、この先もランダムだろう」と経験則で証明することができないのが、数学の世界だ。

1兆桁を超える数は人間にとって長大なものだが、「無限」と比較すればほんのささやかな数列にすぎない。それを見て「ランダムだ」と判断するのは、サイコロを1回だけ振って3が出たからといって、「このサイコロは永遠に3しか出ない」と考えるのと同じことである。

もし、円周率がランダムだということが証明されれば、これは大変な発見となる。というのも、人はランダムをつくりだすことはできないからだ。乱数列を作り出すアルゴリズムは存在するが、そこにはどうしても何らかの規則性が残ってしまう。たとえばCDプレーヤーには「ランダム選曲」という機能があり、無作為に次の曲を決めて演奏してくれるが、その順番にはプログラムの「癖」のようなものがある。「無作為に見えるようにするための作為」が紛れ込んでしまう、とでも言えばいいだろうか。それに対して、円周率は規則性も癖も一切ない「究極のランダム」である可能性がある。

たとえば、あなたが何十年もかけて思いつくままに数字を並べ、1兆桁の乱数列を作ったとしよう。πが正規数だとすれば、その乱数列は円周率のどこかに必ず含まれている。1兆人が1兆桁の乱数列を作ったとしても、そのすべてが円周率の中に存在するわけだ。

円というのは、およそ「乱れ」とは無縁な図形だ。「乱」の対極にあるのが円だと言ってもいい。その中に「究極の乱数」が含まれている可能性がある。

それだけでもワクワクして、延々と計算している人たちを応援したくなるような話ではないだろうか。

## 正3万2768角形で小数点以下7桁まで求めた村松茂清

さて、そろそろ和算の話に戻ることにしよう。

『塵劫記』は円周率を3・16として桶の体積などを計算させていたが、これは庶民の実用性を重んじた初等数学の教科書だからだ。江戸時代の円周率が、そんなアバウトなところで終わっていたわけではない。

前述したとおり、「3・16」は4で割り切れる数である。だからこそ『塵劫記』はこれを採用した。実際、その中では、316÷4の商である「七九」という数が頻繁に出てくる。当時の庶民たちは、丸いものを見るたびにこの数を思い浮かべていたかもしれない。

円周率にかぎらず、庶民レベルの算術書では「割り切れる」ことが大事だった。たとえば開平や開立にしても、『塵劫記』は「2乗して4になる数」や「3乗して27になる数」を求めさせるような問題を出している。

このレベルを超えて先に進むために必要だったのが、「不尽」という概念だ。「尽」という言葉は、「割り切れる」ことを意味している。割り切れる世界を脱して、「不尽」を追い求めるようになってから、和算は飛躍を始めたと言っていいだろう。そして、「不尽」の代表が円周率であることは言うまでもない。

その「不尽としての円周率」に初めて真正面から挑んだのは、村松茂清《むらまつしげきよ》という和算家だったと思われる。

少なくとも、本格的に円周率の計算を行ったことが明記された文献は、彼の著書がもっとも古い。１６６３年に出版された『算俎《さんそ》』という本だ。

村松は、「円に内接する正$2^n$角形」を使って円周率を計算した。それは、３万２７６８角形。2の15乗である。これによって、３・１４１５９２２６と小数点以下7桁まで正しい数値を導き出している。2の3乗の正八角形で「３・０５より大きい」と証明できるものが、2の15乗の正３万２７６８角形を使っても7桁までしか求められないというのが、円周率の恐ろしいところだ。

それでも、円周率計算のパイオニアとして、自力で7桁まで到達したのは称賛に値する。ただし村松自身は、自分の算出した数字が何桁まで正しいのか自信が持てなかったらしい。考えてみれば、それも無理はない。それが未知の数だから計算しようと思うわけだが、未知だからこそ「正解」はどこにも書いていないのである。

そのため村松は、中国の算術書に出ていた円周率と自分の計算結果を照らし合わせ、どうやら「3・14」までは正しいと確信していたようだ。現在でも円周率といえば誰もが「3・14」と答えるが、その数を初めて自ら算出した日本人が村松だったということになる。

## 欧米より200年早かった関の「加速法」

この村松の仕事を引き継いだのが、関孝和だ。彼の円周率計算は、1712年に弟子が遺稿として発表した『括要算法』に書かれている。したがって、実際に関がそれを研究していたのは、1680年代だ。

世界に先駆けて「関・ベルヌーイの公式」を発見したことからもわかるとおり、それは関の全盛時代とも呼べる時期だった。

たとえば1683年の『解伏題之法』では、世界で初めて「行列式」の理論を提示している。

微分積分法をニュートンとほぼ同時期に発見したライプニッツが行列式理論の端緒をつかんだのが1693年、ファンデルモントが行列式の計算を発表したのが1771年だから、関のほうがはるかに早い。

ちなみに行列式については、関の『解伏題之法』から数年後に、田中由真《たなかよしざね》や井関知辰《いぜきともたつ》といった関西の和算家たちも同様の発見をしている。もちろん、関の発見を知らないいま独自に、である。国際競争よりも、国内でのつばぜり合いのほうが激しかったわけだ。いかに和算のレベルが高かったかを物語る話である。

関の円周率の計算は、約20年前の村松と同様、内接する正多角形を使ったものだった。村松が使ったのが「2の15乗角形」だったのに対して、関は2の17乗角形。13万1072角形となって、辺の数は一気に10万近く増えた。それによって求められた円周率は、以下のとおりだ。

3・14159265359　微弱（さらに続く、という意味）

本当のπは「3・14159265358979……」だから、小数点以下10桁まで合っている。村松の求めた円周率に「535」の3桁を付け加えることができたわけだ。

1兆桁を超えている現在から見れば「たった3桁」だが、当時はその3桁のために膨大な時間と労力とそして才能が必要だったのである。

ただし関はこのとき、村松よりも効率よく計算する方法を編み出していた。円に内接する正$2^n$角形のnを1つずつ増やしていくときに、周の長さの第1階差数列が近似的に等比数列になるという法則を発見したのである。それは、96ページのような計算式だ。

これは現在、「エイトケン加速」と呼ばれているものである。ただし海外では、数学者アレグザンダー・エイトケンが1926年にそれを発見するまで知られていなかった。『括要算法』の刊行から、200年近く経っている。

ちなみに和算の世界には、円周率を最後に有理数（分数）で表す習慣があり、それぞれに呼び名がつけられていた。

3/1 = 3（古法）
22/7 = 3.142857142（密率または約率）
25/8 = 3.125（智術）
63/20 = 3.15（桐陵法）
79/25 = 3.16（和古法）

関孝和の円周率

$$\pi = 65536\text{角の周} + \frac{(65536\text{角の周} - 32768\text{角の周})(131072\text{角の周} - 66536\text{角の周})}{(66536\text{角の周} - 32768\text{角の周}) - (131072\text{角の周} - 66536\text{角の周})}$$

＝三尺一寸四一五九二六五三五九　微弱

142/45 = 3.155555（陸績率）
157/50 = 3.14（徽術）

そして、関が出した「355/113 = 3.14159292」は、「円周率または定率」と呼ばれている。

この中で、円周率の近似値としてよく知られているのは「7分の22」だろう。そのため、毎年7月22日を「円周率の日」あるいは「円周率近似値の日」とする習慣がある。この近似値は、アルキメデスが算出したものだ。

ついでに言っておけば、中国では12月21日（閏年は22日）が「円周率近似値の日」だ。これは、新年から３５５日目にあたる。中国の数学者・祖沖之が、関と同じ355/113という近似値を出したことに由来するものだそうだ。

また、4月26日や11月10日を「近似値の日」とする考え方もある。前者は地球の公転軌道の長さと移動距離の比が円周率に一致する日、後者は新年から３１４日目だ。

もちろん、「円周率の日」は多くの国で3月14日である。

この日は相対性理論を生んだアインシュタインの誕生日でもあるというから、不思議な因縁だ。

日本ではこの日が「数学の日」でもあるが、意識している人はほとんどいないだろう。「ホワイトデー」は円周率の日でもあった。

バレンタインのお返しをするのも悪くはないが、ならばせめてキャンディなどではなく「パイ（π）」をプレゼントするぐらいのことはしてもいいだろう。実際、世界にはこの日にパイを食べてお祝いをする人たちもいる。

## 和算には「ゼロ」と「無限」がなかった

ところで、世の中には「関孝和は微分積分も発見した」という説が流布している。あのニュートンとライプニッツが別々に到達したこの大発見に、和算家も自力でたどり着いていたとしたら、日本人としてこれほど誇らしいことはない。それに、なにしろ関はさまざまな理論を欧米に先んじて発見した人物だから、「それぐらいのことはやってのけたに違いない」と信じていた人もいるだろう。

しかし残念ながら、これは買い被りというものである。関は微分積分を発見していない。それどころか、明治時代に「洋算《ようざん》」が入ってくるまで、わが国の数学に微分積分の概念は存在しなかった。

関は、ニュートンやライプニッツの同時代人である。そして、行列式に関してはライプニッツよりも先に理論を構築していた。それ以外にも、これまで紹介してきたような先進的な業績をいくつも残している。つまり、諸外国の数学者と同等かそれ以上の才能を持っていた。

にもかかわらず、微分積分を発見できなかったのはなぜか。

それは、簡単に言うと和算が「無限」の理論を持ち合わせていなかったからである。詳しい説明は省くが、微分積分というのは「無限」に関する理論の蓄積があって初めて到達するものだ。その前提がなかったから、和算には微分積分がない。

和算が「無限」の理論を持ち得なかったのは、「ゼロ」を考えなかったことと表裏一体だ。もちろん、和算も数字を表記するときには「令」「下」など「ゼロ」に相当する文字を使ってはいる。

しかし、それは単に位取りのために使っているだけで、「ゼロ」という概念について考えることはしなかった。「ゼロ」がないから「無限」もなく、したがって微分積分も生まれなかったのである。

ただし、関をはじめとする和算家たちが、微分積分に肉迫するような研究を行っていたことは否定できないだろう。

たとえば、根の極大・極小の係数問題を扱う「適尽法」などは、和算における「微分法」のようなものだ。また、体積や面積を求めるときに図形を細かく区分して計算する方法は、積分に近い。

しかし和算には西洋のように関数をグラフ化して考える手法がなく、図形の面積や体積を対象にしていたため、そこから先には進めなかった。さらに決定的なことは、抽象的な代数が発達しなかったことである。微分積分には数を超えた代数への飛躍が必要であるが、和算には代数という形式が生まれなかったのだ。

## 師への批判に反撃した関の高弟・建部賢弘

それにしても、和算とは実にユニークな世界だ。というのも、無限の理論という前提がないために微分積分が生まれなかったにもかかわらず、その微分積分を前提とする理論が生まれていたからだ。

それは、「無限級数展開の公式」である。これは本来、微分積分の考え方を経て到達するものだ。

ところが江戸時代の日本には、微分積分を知らないにもかかわらず、この公式を導き出した和算家がいた。

それが、関孝和の高弟として有名な建部賢弘である。関の名前は教科書で知っていても、建部の名前は聞いたことがないという人も多いだろう。しかし彼は時に「師である関孝和を超えた」とまで言われる人物だ。

関の全盛時代を常に寄り添うようにして近くで見ていた建部は、その後継者として自らもきわめて独創的な研究を行い、和算の発展と普及に多大な貢献をした。現在、日本数学会が「関孝和賞」のほかに「建部賢弘賞」を設けていることを見ても、その存在感の大きさがわかる。わが国の数学史に燦然《さんぜん》と輝く偉大な人物なのだ。

1664年に生まれ、幼い頃から数学に熱中した建部は、『塵劫記』や『古今算法記』、さらには関孝和の『発微算法』などをかたっぱしから読み、吸収した。兄の賢明《かたあき》と共に関孝和に弟子入りしたときは、まだ数えで13歳。早熟の天才は、その7年後に20歳の若さで『研幾算法《けんきさんぽう》』という最初の著作を世に問うている。

この本は、師匠への批判に対する「反撃」として書かれたものだった。前章でも述べたが、関が沢口一之の『古今算法記』の遺題に答える形で書いた『発微算法』は、解答にいたるプロセスを明確にしていない。そのため、「本当に正解なのか？」と内容を疑問視する声が相次いだ。

その中でも激しく批判したのが、佐治一平《さじかずひら》という和算家だ。１６８１年に発表した『算法入門』の中で、彼は関の『発微算法』を攻撃した。

おそらく建部は、「わが師の業績を理解しないとはけしからん」と義憤に駆られたのだろう。師に代わって、『研幾算法』の中で佐治の誤りを指摘し、それを訂正してみせたのである。

さらに2年後の１６８５年に発表したのが、前述した『発微算法演段諺解』だ。建部がここで『発微算法』の内容をきちんと解説したお陰で、関の数学は正しく世間に理解され、和算の世界に広まることになった。

「関孝和」という和算界最大のブランドは、建部という弟子の献身的なフォローがあって初めて成り立ったと言えるだろう。

その後、建部は師の数学理論を集大成するために、関本人や兄の賢明と協力しながら『大成算経』の執筆に取り組んだ。全20巻という大部の著作が完成したのは、師の死から2年後の１７１０年だった。

## 正１０２４角形で小数点以下41桁まで出せた理由

しかし、師の論敵に反撃を加え、その業績を世に広める手助けをしただけなら、建部が「関を超えた」と評価されることはなかっただろう。それだけで終わった人物だとしたら、今の数学者が「建部賢弘賞」をもらってもあまり嬉しくない。「縁の下の力持ち」ではあるが独創性はない、と言われているようなものだからだ。

だが、建部は明らかに関を超える独創的な業績を残した。その中でも一番わかりやすいのは、円周率の計算である。

師匠は小数点以下10桁まで正確に求めたが、建部はその記録を大幅に更新し、なんと小数点以下41桁まで算出したのだ。

村松茂清が正３万２７６８角形（２の15乗）を使って７桁まで出した円周率を、関は13万１０７２角形（２の17乗）で３桁だけ延ばした。

それを一気に30桁以上も延ばした建部は、いったい何角形を使って計算したのか。何百万角形、いや、一億角形を超えるかもしれない……などと想像する人もいるだろう。

ところが意外なことに、建部が計算に使った多角形は、関よりも小さい。それどころか、村松よりも角の数が少ない図形から、彼は41桁まで計算した。

建部が使ったのは、正１０２４（２の10乗）角形である。

だが、それだけで41桁もの計算が可能になったわけではない。では、どうしたか。

そもそも円周率の値というのは、原理的には加減乗除と開平（平方根の求め方）だけ知っていれば、いくらでも求めることができる。ただ、それだけでは計算効率が悪いので、桁数を増やすのは至難の業となるわけだ。

だから関は、自ら「増約術」と名付けた手法を工夫することで円周率に挑戦した。それが後の「エイトケン加速」だ。この計算法を発見することで、関は村松よりも前進した。

その関よりも上のレベルを目指した建部は、師とは別の法則を新たに発見した。彼はそれを自らの著書『綴術算経《てつじゅつさんけい》』（１７２２年）の中で「累遍増約術」と呼んでいる。これは、わずか10個のデータから41桁まで円周率を求めることができるものだった。

そして、これは現在の数学界では、「リチャードソン加速法」と呼ばれている。ルイス・フライ・リチャードソンがこの計算法を提案したのは、１９１０年頃のことだ。

建部はそれより２００年近くも早くそれを見つけ出し、円周率の計算に使った。もし『綴術算経』が外国語に翻訳されて同時代の西洋諸国で読まれていたら、それが今ごろ「タケベ加速法」と呼ばれていたことは間違いないだろう。

建部賢弘が求めた円周率

$$\pi = 3\sqrt{1+\frac{1^2}{3\cdot4}+\frac{1^2\cdot2^2}{3\cdot4\cdot5\cdot6}+\frac{1^2\cdot2^2\cdot3^2}{3\cdot4\cdot5\cdot6\cdot7\cdot8}+\cdots}$$

＝ 三尺一寸四一五九二六五三五八九七九三二三八四六二六四三三八三二七九五〇二八八四一九七一二

arcsin$x$のテイラー展開

$$\frac{1}{2}(\arcsin x)^2=\frac{1}{2!}x^2+\frac{2^2}{4!}x^4+\frac{2^2\cdot4^2}{6!}x^6+\frac{2^2\cdot4^2\cdot6^2}{8!}x^8+\cdots$$

この画期的な計算法を用いて建部が到達した円周率の公式は次のようなものだった。

（上の式）

これが、先ほど述べた「無限級数展開の公式」である。実はこの公式は、三角関数sin$x$の逆三角関数であるarcsin$x$をテイラー展開したものだ。

（下の式）

これに$x$＝1/2を代入すると、建部の公式になる。

**ベルヌーイも解けなかった「バーゼルの問題」**

ところでこの無限級数の研究で有名なのが、オイラーである。まず「無限級数」の初歩からお話ししておくことにしよう。

たとえば、次の足し算の答えは誰でもわかると思う。

1＋2＋3＋4＋5＋6＋7＋…＝？

1ずつ増えていく自然数の和だ。当然、答えは「無限大」になる。無限級数とは、このような無限項の和のこと。そして、その答えが無限大になることを数学用語で「級数は発散する」という言い方をする。

ここで、こんなふうに思った人もいるだろう。

「無限に足し算していけば、答えが無限になるのは当たり前。無限級数はみんな発散するんじゃないの？」

しかし、そうは問屋が卸さないのが数学というものだ。無限の足し算の答えがいつも無限大になるとはかぎらない。

たとえば、次のような等比数列の足し算がそうだ。

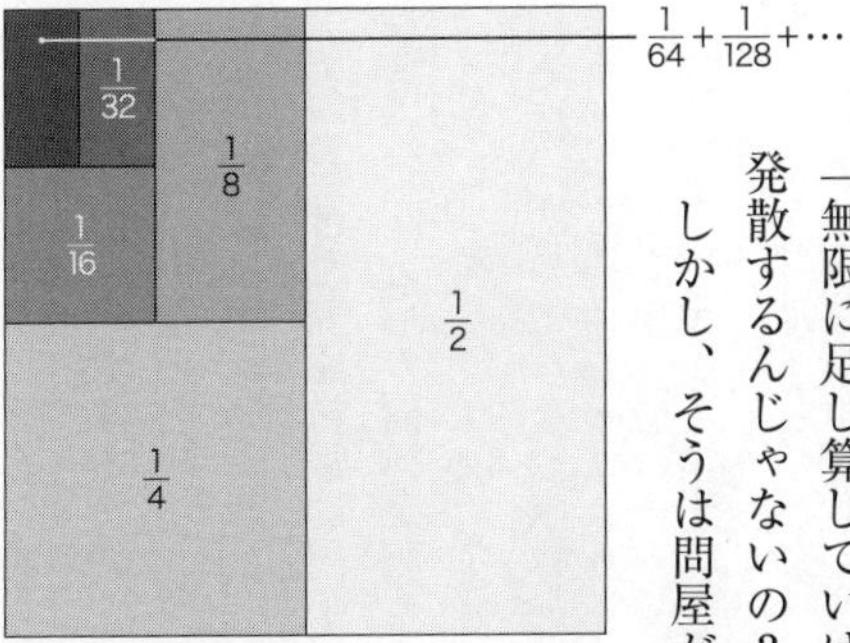


$$\frac{1}{2}+\frac{1}{4}+\frac{1}{8}+\frac{1}{16}+\frac{1}{32}+\cdots\cdots=?$$

前項の2分の1を無限に足していくのである。一見、答えが無限になるように思えるだろう。

しかし実際は、その答えは有限だ。しかも「1」というシンプルなものである。永遠に正の数を足していくのに1になるのは不思議に思うかもしれないが、これは前ページの図のように面積1の正方形を半分ずつ仕切っていくことを考えれば理解できるだろう。

正方形の折り紙を次々と半分に折っていく様子をイメージすればいい。現実には無理だが、理論上は無限に半分に折ることができる。

先に挙げた等比級数は、1回折るごとにその面積を足していくのと同じことだ。その合計は、正方形の面積を超えることはない。最終的には1になる。

こうして答えが有限になることを「級数は収束する」と言う。

では、次のような無限級数は発散するだろうか、それとも収束するだろうか。

$$1+\frac{1}{2}+\frac{1}{3}+\frac{1}{4}+\frac{1}{5}+\cdots\cdots=?$$

自然数の逆数の和である。正解は、無限大。これは、次の2つの式を比較することで証明できる。

$$A=\frac{1}{1}+\frac{1}{2}+\left(\frac{1}{3}+\frac{1}{4}\right)+\left(\frac{1}{5}+\frac{1}{6}+\frac{1}{7}+\frac{1}{8}\right)+\cdots\cdots$$

$$B=\frac{1}{1}+\frac{1}{2}+\left(\frac{1}{4}+\frac{1}{4}\right)+\left(\frac{1}{8}+\frac{1}{8}+\frac{1}{8}+\frac{1}{8}\right)+\cdots\cdots$$

Aは先ほどの問題と同じ。Bはカッコ内をまとめると1/1＋1/2＋1/2…となるから、その答えは無限大だ。そしてAのカッコ内は、常に対応するBのカッコ内より大きい。したがってAは無限大のBより大きいということになる。無限大より大きいのだから、当然、こちらも無限大だ。

この無限級数が発散することを証明したのは、あの「べき乗数列の和の公式」を関とほぼ同時期に発見したヤコブ・ベルヌーイだった。この問題を解決した後、ベルヌーイは次の無限級数を考えた。

自然数の平方の逆数の和、である。

ところが、これが意外に難問だった。ベルヌーイは、その解答を得られないまま1705年に死去している。

## オイラーの発見した美しい無限級数公式

その後も、これは「バーゼルの問題」として多くの数学者に引き継がれた。文字どお

ベルヌーイが考えた「自然数の平方の逆数の和」。

りの「遺題」になったわけだ。バーゼルとは、ベルヌーイが暮らしていたスイスの都市の名である。

しかしヤコブの弟ヨハン・ベルヌーイも、これを解くことができない。そのヨハンが54歳のとき、彼の前に天才少年が現れた。当時14歳のオイラーである。

数学の力をめきめきと伸ばしたオイラーは、その14年後、ついに「バーゼルの問題」を解決した。その答えは、オイラー自身も驚かせたようだ。

彼はこんなふうに語っている。

「いますべての期待に反して、私はバーゼルの問題の値についてエレガントな表示を求めることができた。それは円周に依存している……。私は、この級数の和を6倍したものが直径1の円の円周の平方に等しいことを発見した」

数学の神秘もここにきわまれり、という気さえする美しい公式だ。まさか、ここに円周率が登場するとは誰も予測しなかったに違いない。

つくづく円とは不思議な図形である。いや、こうなると「不思議」というより「不気味」とすら感じてしまう。

1735年、オイラーはたどり着く
ヤコブ・ベルヌーイ
(1654-1705、スイス)
$1+\frac{1}{2^2}+\frac{1}{3^2}+\frac{1}{4^2}+\cdots=\frac{\pi^2}{6}$
Utinam Frater superstes effet !
もし私の兄が生きていたなら！
ヨハン・ベルヌーイ
(1667-1748、スイス)
オイラーが建部と同じ公式を発見したのは1735年。

そして、話はここでようやく建部に戻る。

実は難問「バーゼルの問題」を解いたオイラーが先の建部と同じ公式を発見したのが１７３５年だったのだ。建部は１７２２年、つまりオイラーよりも13年も前に無限級数の公式を求めていたことになる。

無限の理論も微分積分学もなかった日本で、この無限級数展開の公式がいち早く発見されたことは、実に驚くべきことである。

建部は、円周率や弧の長さといった「円」にまつわる数を効率よく計算するために、自ら弾き出した数十桁の数値を鋭い眼光でじっと眺め続けたという。

「算数の心に従うときは泰《やす》し、従わざるときは苦しむ」

前章で紹介した、建部の言葉だ。自分の後に続く若者に贈った励ましの言葉だが、「円」と格闘しているときの建部自身も、そんな心境だったに違いない。その言葉の続きを、ここで紹介しておこう。

「従うとは、其のこと未だ会せざる以前に必ず得ることを実に肯する故、心に疑うこと無くして泰きに居る。泰きに居る故に、常に為して止まらず。常に為して止まらざる故、成し得ざるということなし。従わざるとは、其のこと未だ会せざる以前に、得べをも得べからざるをも料ること無くして疑う」

古今東西の数学者の中で、「心」という言葉を使って自分の仕事を語った人間を、私は建部のほかに知らない。

私はこの言葉を見つけたときから、建部の追求した数学は「数学道」とでも呼ぶべきものなのだと考えるようになった。茶道、華道、香道、剣道など、日本の「道」はいずれも合理的な思考と手法によって美と調和を追求する。

それは、何かの実用に役立てようとする営みではない。あくまでも、自分自身を一つの極みまで引き上げようとする精神活動だと言えるだろう。

おそらく建部にとっての数学も、そのようなものだった。数と向き合い、そして自分自身と向き合うことで、建部は数の背後に潜む法則を見つけ出したのである。

当然といえば当然だが、徳川将軍家もこの建部の能力を高く評価していた。

六代将軍の徳川家宣、七代将軍の徳川家継《いえつぐ》に仕えた建部は、徳川吉宗《よしむね》が八代将軍となるときに、ほかの家臣たちと共に引退するつもりだったという。ところが吉宗は、建部を江戸城に呼び戻した。改暦のためである。

前述したとおり、共同体の運営には測量と暦が不可欠だ。だからこそ、数学者は昔から権力者に重用されてきた。抽象的な理論を考えるだけでなく、その知識や能力を「実用」に供する役割も担っているのである。

建部は『算暦雑考』、『極星測算愚考』、『授時暦義解』などの本を書き、吉宗政権で天文や暦算の顧問の役を果たした。三代の将軍に仕えるというのは、実に珍しいことだ。それぐらい、当時の社会にとって建部は重要な人物だったのである。

## 和算の最高記録は松永良弼の52桁

ところで、建部の理論は当時の世界でも最先端を行くものだったが、円周率の桁数そのものは「世界一」だったわけではない。

たとえばドイツでは、日本で村松が7桁まで計算した半世紀ほど前の時点で、ルドルフ・ファン・コイレンという数学者が正322億1225万4720角形（！）の周の長さから、円周率を35桁目まで正しく算出している。ドイツでは円周率のことを「ルドルフ数」と呼んでいるが、これは彼の名前から取ったものだ。

それ以降の西洋では、多角形を力ずくで計算するのではなく、さまざまな評価式が考案されるようになった。

1671年にスコットランドのグレゴリ、1674年にライプニッツが別々に発見し、「グレゴリ・ライプニッツ級数」と呼ばれている無限級数もその一つ。

グレゴリ・ライプニッツ級数

$$\arctan x = x - \frac{x^3}{3} + \frac{x^5}{5} - \frac{x^7}{7} + \cdots$$

1699年には、英国のシャープがこの級数に、

$$x = \frac{1}{\sqrt{3}}$$

を入れることで、円周率を72桁まで求めた。

さらに1719年には、フランスのトーマス・ラグニーが、シャープと同様の方法によって127桁まで計算している。建部が『綴術算経』で41桁の計算方法を発表したのは、その3年後だ。

しかし海外での競争はさておき、「建部以後」も国内の円周率計算

は進歩を続けた。41桁が江戸時代の「日本記録」だったわけではない。関の記録を後継者の建部が破ったのと同じように、その記録は彼の弟子によって更新された。

その弟子が、松永良弼《まつながよしすけ》である。

1692年の生まれだから、建部とは28歳離れている。彼が第一線の和算家として活躍した時代は、円の理論（円理）がますます発展し、三角関数の展開公式も得られるようになっていた。

建部が76歳で死去した年に松永が発表した『方円算経《ほうえんさんけい》』（1739年）にも、その公式が出ている。その中には、オイラーが建部より13年遅れて発見したものも含まれていた。

それらの新発見を駆使して求めた円周率は、師匠よりも11桁多い52桁。西洋と比較すると物足りないところもあるが、これが江戸時代の「和算」における最高記録となった。

和算が衰退するきっかけとなった明治維新が起きたのは、それから約130年後のことである。

# 第三章

# 現代に生きる和算

## 数学の「競技人口」が多かった江戸時代

建部と松永以降、円周率の計算では記録が更新されなかったが、だからといって和算の発展がそこでストップしたわけではない。明治維新まで、和算家たちはその独自の世界を切り開き続けた。

前章では数学の「最先端」を追求する和算家たちの活躍を通じて、いわば「タテ」方向の発展を見てきたが、そもそも学問の発展とはそれだけのものではない。たとえばスポーツの世界は、トップチームの「強化」と底辺への「普及」が車の両輪となって発展する。それと同じように、学問も「ヨコ」への広がりが大事だ。

そして、和算の特異性は、むしろこの「ヨコ」の広がりにある。最先端の理論を研究する数学者はどこの国でも大勢いるが、江戸時代の日本ほど庶民が日常レベルで数学を勉強していた国はほかにないだろう。

関や建部のような「ワールドクラス」の数学者も輩出した和算だが、その本領は、一般庶民の数学レベルを高く引き上げた点にあった。「競技人口」が飛び抜けて多かったからこそ、海外からの情報が遮断された鎖国下にありながら、世界に通用する「トップアスリート」を生み出すことができたのだ。

翻《ひるがえ》って、今日の日本はどうか。

決して、数学のレベルが低いわけではない。国内には、世界に通用する優秀な数学者は何人もいる。「数学オリンピック」のような大会で、日本の高校生が好成績を収めることも多い。

だが、それを支えるだけの底辺の広がりがあるかというと、これは甚《はなは》だ疑問だ。スポーツに譬《たと》えるなら、ほんの一握りのエリート選手を集めた「代表チーム」を強化しているだけで、競技人口を増やすための普及活動はまったく進んでいないように感じられる。北京五輪で太田雄貴選手が銀メダルを獲ったフェンシングのようなものだ。

もちろん、トップクラスの強化は、普及にもつながる。いままで多くの日本人はフェンシングに何の興味も持っていなかったが、あの銀メダルによるPR効果によって、これから競技人口が増える可能性は大いにあるだろう。太田選手に憧《あこが》れて、「フェンシングをやってみたい」と思う子供も大勢いるはずだ。

しかし数学のほうは、トップクラスの人々が輝かしい業績を上げても、それがほとんど世間に知られない。仮にマスコミで報道されても、一般の人々にはその意味がさっぱり理解できないのが数学の世界だ。

## 受験勉強が狭める数学の裾野

たとえば、これは海外のケースだが、2年ほど前に「ポアンカレ予想がついに解決」というニュースが日本の新聞でもかなり大きく報じられたことがある。

ポアンカレ予想とは、アメリカのクレイ数学研究所が2000年に「ミレニアム懸賞問題」として発表した7つの未解決問題の一つだ。

解決した者には100万ドルの賞金が与えられるというのだから、いかにそれが難しいかがわかるだろう。1904年にフランスの数学者アンリ・ポアンカレが提出して以来、およそ100年間にわたって誰も解決できなかったのである。

そのポアンカレ予想をロシアのペレルマンが解決し、「数学のノーベル賞」と言われるフィールズ賞の授賞が決まった。それをペレルマン本人が辞退したこともあって、当時はずいぶん話題になったものだ。

だが、そのニュースを見て「やっぱり数学者には変わり者が多いんだな」と思った人はいても、ポアンカレ予想そのものについて理解した人はほとんどいないと思う。数学者が「変人」だという印象だけが残って、その偉大さはまったく伝わらないわけだ。これでは、数学者に憧れる子供など出てくるはずがない。

数学オリンピックも、報道だけでは誰も憧れないだろう。記事に載るのはメダルの数だけで、そこで彼らがどんな問題を解いているのかはわからない。

しかもメダリストたちの所属学校を見れば、東大合格者数で毎年1～2位を争っている超名門私立高校ばかりだ。「数学の得意な高校生」というより、「受験勉強のできる優等生」という印象のほうが強い。

おそらく多くの子供たちが、「まずは受験という高いハードルを乗り越えなければ、数学の世界では活躍できない」と思うだろう。憧れの対象になるどころか、数学を敬遠したくなるに違いない。ちっとも楽しそうに思えないからである。

誰でも小学生の頃は、「算数って面白い」と感じたことがあるはずだ。オモチャと戯れるように、純粋に数と戯れ、それを楽しむことができた。

ところが中学、高校と進むにしたがって、その気持ちを失ってしまう。今の日本の子供たちにとって、勉強は「受験」と切り離せないものになっているからだ。それが「面白いから学ぶ」のではなく、「受験で成功するために学ぶ」のが今の子供たちである。

それを楽しむこと自体が「目的」だった数学が、志望校に入るための「手段」になってしまうのだから、好きになれないのも無理はない。もはやそれは「好き嫌いの対象」でさえなくなっていると言えるだろう。単なる「義務」である。

最近は中学受験をする子供たちも増えているから、すでに小学生のうちから算数を面白がれなくなっているのかもしれない。このままでは、数学という学問の裾野は狭まる一方なのではないだろうか。

ただし、言っておかなければならないのは、皆が数学が嫌いになっているわけではなく、数学を好きな子供たちはそれでもたくさんいるということだ。世間で言われるほど理数系離れや数学嫌いの子供たちが多いわけではないし、昔も数学嫌いな子供たちはいたはずだ。

## 寺子屋のない地方にも存在した数学塾

江戸時代の寺子屋を描いた絵を見ると、その風景は現在の学校とはまったく違う。年齢別や習熟度別といった細かいクラス分けはなく、小さな子供から青年までが同じ空間で一緒に勉強していた。

勉強している内容も、人それぞれだ。こちらで習字の練習をしている子がいるかと思えば、あちらではソロバンをやったりしている。

それを一人の先生が受け持っていたのだから、さぞかし忙しかったことだろう。とても全体には目が届かないから、そのへんを立ち歩いている子供もいた。

今の学校がそんな調子だったら、保護者たちが「学級崩壊だ！」と文句をつけて大騒動になるに違いない。

しかし、それは決して「崩壊」ではなかった。ここで大事なのは、義務教育制度もなく、さらには受験という目的もないにもかかわらず、子供たちがそこに自ら通っていたということだ。

イヤなら行かなければいいのだから、子供たちは寺子屋での勉強が楽しかったのだろう。いくらか騒ぐ子がいたとしても、それは今の学級崩壊とは中身が違う。賑やかな空気の中で、それぞれの子供が自分のやるべき勉強に積極的に取り組んでいたのではないだろうか。

少なくとも数学については、多くの子供が今よりはるかに積極的に学びたがっていたことは明らかだ。

というのも、江戸時代の子供たちが算術を学んだのは、寺子屋だけではない。町にはそれとは別に数学塾があった。軒先に看板を出すだけで行列ができるほど需要があったという。もし、寺子屋の子供たちが義務感だけでイヤイヤ通っていたのなら、それに加えて数学塾にまで行くはずがない。

それぐらい人気があったからこそ、大して数学の素養のない者までがこぞって塾を作り、商売にしようとした。そんな状況に業を煮やした吉田光由が、教師の力量を試すために遺題を『塵劫記』に載せたというのは、第一章で述べたとおりだ。

こうした塾の存在は、和算を広める上で、寺子屋よりも大きな役割を果たしたと言えるだろう。江戸や大坂のような大都市なら寺子屋もたくさんあっただろうが、地方となるとそうもいかない。しかし、こと数学に関しては、地方にも教える塾があり、教師がいた。それが、和算に「ヨコ」の広がりをもたらしたのだ。

そして、その背景には、今日では考えられないような生き方をする数学者たちの存在があった。「遊歴算家」と呼ばれる和算家たちだ。

彼らは全国を旅して歩きながら、行く先々で数学を教えた。関や建部のような人々が和算を「タテ」に発展させる一方で、それを「ヨコ」に発展させる役割を演じた和算家も存在したのである。

## 仙台で対決した2人の遊歴算家・山口和と千葉胤秀

その遊歴算家の中でもよく知られているのが、山口和《やまぐちかず》という和算家だ。生年は不明だが、没したのは1850年だから、関や建部よりもかなり後の時代の人物である。

越後の水原(現在の新潟県阿賀野市《あがのし》)に生まれた山口は、小さな頃から算術好きの少年だった。同じ水原出身の和算家・長谷川寛《はせがわひろし》が江戸で算術道場を開いていると知った山口は、やがてそこに弟子入りする。

神田の長谷川数学道場は、当時、江戸でもっとも人気のある関流の算術道場だった。あの葛飾北斎《かつしかほくさい》も、そこで算術を学んでいたという。

17年間かけて腕を磨いた山口は、長谷川数学道場の七代目の免許を与えられ、しばらくは指導者として若い弟子たちを教えていた。しかし1817年、全国の人々に算術を教えようと思い立つ。それから12年間で、北は陸奥（青森）から南は肥前（長崎）まで、6回もの長旅に出たそうだ。

山口は、行く先々で「江戸から数学の大先生がいらっしゃった」と歓待された。地元の名主は自分の家に山口を泊まらせて自ら算術を習い、さらには村に塾を作って人々にも習わせたという。

今でいえば、全国ツアーの最中に立ち寄ったアーティストの演奏を聴くために、ライブハウスを作っているようなものかもしれない。いかに当時の庶民たちの知的好奇心が旺盛であり、数学をエンターテインメントとしてとらえていたかがわかる。

こうして数学のための「インフラ」が整備され、遊歴算家がその土地を離れた後も、各地に算術文化が残っていったのだろう。ただし人気者の山口は、次の目的地に行こうとしてもその土地の人たちに引き留められ、なかなか先へ進めなかったらしい。

１８１８年、山口は仙台の松島にたどり着いた。ここで彼は、ある人物と出会うことになる。現在の岩手県一関市出身の和算家、千葉胤秀《たねひで》（１７７５―１８４９年）だ。千葉もまた遊歴算家のひとりであり、全国に３０００人もの弟子を持つ有名人だった。

その評判を耳にした山口は、千葉を訪ねて数学問答を始めた。勝負は、関流免許皆伝の実力を持つ山口の完勝だった。

圧倒的な力の差を感じながら敗れた千葉は、すぐに山口の弟子になっている。若輩者ならともかく、当時の千葉はすでに数えで44歳。３０００人もの門弟を持つ身分だったのだから、よほど人間ができていなければ、自分を負かした相手に弟子入りできるものではない。いかにも江戸時代の日本人らしい潔《いさぎよ》さだ。これを見ても、まさに和算が「数学道」と呼べるものだったことがわかるだろう。

**和算を「ヨコ」に大きく広げた千葉**

その後、千葉は長谷川数学道場で研鑽《けんさん》を積み、関流免許皆伝を受けた。そして地元に戻って多くの弟子を育て、江戸時代後期の一関地方を全国有数の和算の中心地に発展させたのである。

現在も、一関市では和算が「売り物」の一つだ。一関市博物館に行くと、和算コーナーにさまざまな資料が常設展示されている。ここまで和算をクローズアップして紹介している博物館は、おそらくここだけだろう。美しく彩色された算額も見られるので、一関へ行った際にはぜひ立ち寄ってみていただきたい。その一角を見て回るだけで、江戸時代の人々が数学を楽しんでいた様子が手に取るようにわかるはずである。

また、千葉は地元の一関だけで算術の普及に努めたわけではない。1830年に著した『算法新書』は、自学自習できる優れた教科書として全国でベストセラーになった。首巻と1〜5巻からなる大著だが、明治時代に入ってからも版を重ねている。

数の数え方やソロバンなどの初歩から始まるのは、約200年前に初版が刊行された『塵劫記』と同じ。しかしこの時代になると、世間の数学レベルも上がり、『塵劫記』程度では飽き足りない人々も増えていたのだろう。

千葉はその中で、和算の最高峰とも言える円理の方法まで読者が自分で学べるように説明した。また、それまで門外不出だった関流の秘伝も公開したため、保守的な和算家から批判を受けたこともあったようだ。

いずれにしろ、千葉胤秀が和算後期に重要な役割を果たしたことは間違いない。その存在がとくに意義深いのは、彼がもともと農民だったという点だ。

のちに数学での功績が認められて武士になり、算術師範役に任命されたが、千葉が生まれたのは農家だった。そして、彼から算術を学んだ人々も、その多くが農民層だ。この時期は、東北地方を中心に、きわめて知的な農民文化が発達したのである。その意味でも、千葉は和算を「ヨコ」に大きく広げた人物だと言えるだろう。

## 月面のクレーターにも名を残した和算家

さて、山口も千葉も関孝和からの流れを汲む長谷川数学道場で学んだ和算家だが、この時代の算術には関流以外の流派もいろいろあった。和算の「王道」はやはり関流と言わざるを得ないが、それに対抗する流派の中からも、優秀な和算家が数多く出ている。その中でも特筆すべき和算家は、安島直円《あじまなおのぶ》（1732―1798年）と会田安明《あいだやすあき》（1747―1817年）だろう。

2人とも私と同じ山形出身だが、決して同郷のよしみで贔屓《ひいき》しているわけではない。いずれも世間で高く評価されており、とくに安島は「和算の二大焦点」として関孝和と並び称せられたほどの人物である。

安島が活躍した時代は18世紀の中盤から後半だから、円周率52桁の松永良弼より遅く、山口や千葉より早い。後年、関流の山路主住《やまじぬしずみ》の門下に入ってはいるが、もともとは中西流の入江応忠《いりえまさただ》の門下生として算術を学び始めた。

中西流の祖である中西正好《まさよし》は、「毛利の三子」（24ページ参照）のひとりだった今村知商の流れを汲む和算家だ。関孝和は同じ「毛利の三子」の高原吉種の弟子だから、その時点で別の流れということになる。

安島の研究は、「和算中興の祖」とも呼ばれるだけあって、きわめて独創的なものだった。

たとえば、彼の遺稿を日下誠《くさかまこと》がまとめた『不朽算法』（1799年）には、「対数」の考え方が示されている。安島自身はそれを対数ではなく「配数」と呼んでいるが、彼はそこで「$\log xy = \log x + \log y$」という対数の性質を元に対数表を作る方法を編み出しているのだ。

また、円周率の計算では、関や建部とは異なる独自の手法を使っている。$(1-x)$の$1/n$乗の無限級数展開を発見し、極限操作を二度行う円理二次綴術（一種の二重積分）を創始したことで、和算では初めて、円の（周ではなく）面積から円周率を求めることに成功したのだ。安島はこの理論を多くの問題に適用して解いている。

さらに安島は「安島・マルファッティの定理」と呼ばれる発見でも、世界的に名を知られる存在になった。三角形に内接する3つの円が互いに外接するとき、その接点と三

安島・マルファッティの定理

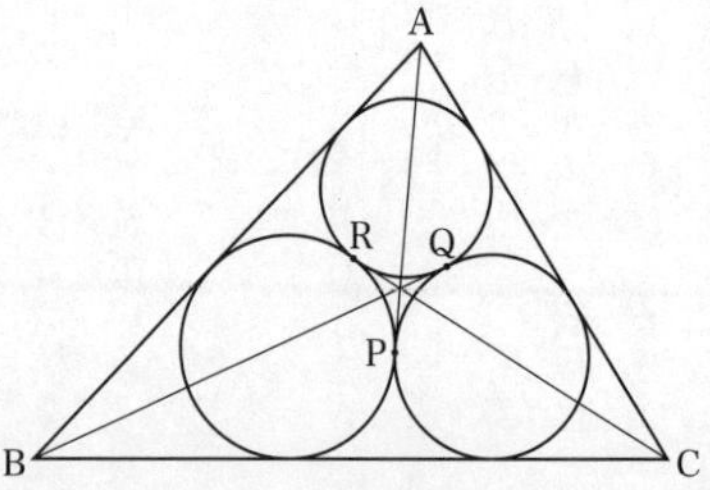


角形の3頂点を結ぶ3直線が1点で交わることを発見したのだ。

イタリアのマルファッティがこの定理について論じたのは、安島が没してから5年後の１８０３年だった。「関・ベルヌーイの公式」は世界の共通語になっていることを思えば、定理にその名を残した安島は恵まれていると言えるだろう。ちなみに月面には、彼の名を冠した「クレーター・ナオノブ」も存在する。

安島は、自らの研究を推し進めるだけでなく、坂部広《さかべこう》畔《はん》、日下誠、馬場《ばば》正督《せいとく》など多くの弟子も育てた。日下誠からは内田五観《うちだいつみ》、内田からは法道寺善《ほうどうじぜん》や桑本正明《くわもとまさあき》といった幕末の数学者が数多く輩出している。

## 最上流の創始者・会田安明

山形出身のもうひとりの和算家、会田安明は１７４７年の生まれ。安島とは15歳違いで、ほぼ同時代の人物だ。子供の頃から算術の才能を認められていた会田は、安島と同じ中西流で学び、23歳で江戸に出て、水利事業の現場監督を務めた。

しかし将軍の代替わりによって、40歳で浪人に。それ以降は、1817年に没するまで30年にわたって数学に没頭した。

会田は、「最上流」という流派の創始者である。その名は、故郷を流れる最上川から取ったものだ。

ただし彼は当初、圧倒的な主流派である関流で学ぶつもりだった。関流の藤田貞資《ふじたさだすけ》の門下に入るつもりだったのだ。

ところが、知人を介して入門を願い出たものの、何らかの行き違いが生じて、この話が流れてしまった。一説によれば、藤田が会田の算額にミスを見つけてそれを正すよう求め、それを入門の条件としたのだが、会田がこれに応じなかったからとも言われている。

真偽のほどは不明だが、ここから逆に会田は関流と敵対関係となった。彼の執筆した『改精算法《かいせいさんぽう》』（1785年）は、藤田の著書『精要算法《せいようさんぽう》』を批判する内容だ。

そこから始まった関流との論争は、20年にも及ぶ激しいものになった。その論争を繰り広げる過程で会田が新たに旗揚げしたのが、最上流である。

とはいえ、これはあくまでも「論争」であって、誹謗中傷合戦のようなものではない。その中で会田は、数学記号の改良や数学上の概念に対する解説を行うなど、和算の普及に大きく貢献した。

会田が生前に執筆した著作は、600巻にも及ぶ。現在、その多くが山形大学附属図書館に佐久間文庫として保管されているが、中でも重要なのは200巻にまとめられた『算法天生法指南』だ。

彼が「天生法」と名付けたのは、分数の分母に未知数を置くことを許した代数の記法のこと。そのような分数方程式を、会田は和算で初めて導入した。

それ以外にも、円や楕円などの幾何学的な研究、有限級数の和、連分数展開などの分野で、会田は多大な業績を残している。また、測量術や航海術にも関心が高く、千島や樺太などの北方探検で有名な探検家・最上徳内《もがみとくない》とも親交があったという。

晩年には故郷の山形で教育活動にも励み、多くの優秀な弟子を育てた。東北地方の和算を発展させた貢献者のひとりである。

## 欧化政策の流れに逆らえず和算は終焉へ

遊歴算家や地元出身の和算家たちの尽力によって、江戸時代の日本では、地方の民衆も数学を身につけ、その中から優秀な人材も次々と登場した。『塵劫記』の刊行から約250年の歳月をかけて、和算は「全国区」の学問として大きな花を咲かせたのである。

そのまま発展を続ければ、和算は世界のどの数学とも異なるユニークな数学体系として、西洋の人々を驚かせる成果をもっと上げたに違いない。「柔道」が「JUDO」になったように、世界各国に「WASAN」の塾が作られる……ついそんな想像をしてしまうのは、私だけではないだろう。

しかし、歴史の流れは和算にストップをかけた。

言うまでもなく、江戸時代に日本の算術が独自の発達を遂げたのは、鎖国政策によるところが大きい。海外から情報が入らず、日本の情報も外に出て行かないため、あたかもガラパゴス諸島の生物たちのように、この日本列島の数学も独自の進化を遂げたのである。

その環境を一変させたのが、ペリーの黒船だった。そして、日本に近代化という一大転換期をもたらした大事件は、和算の転機でもあったのである。

近代国家にとって、教育制度は社会の根幹に関わる重要課題だ。社会体制が変われば、当然、教育制度も変わる。

鎖国体制に終止符を打ち、さまざまな改革を断行した明治新政府は、1872（明治

5）年に学制を発布した。太政官布告の「邑《むら》に不学の戸なく家に不学の人なからしめん事を期す」という有名な一節に、この改革の精神が表れている。ここで、小学校、中学校、大学校という教育の大きな枠組みが決まった。

では、その枠組みの中でどのような教育を行うのか。

さまざまなカリキュラムが作成されたが、数学に関しては、当初、学校で和算を教えるというのが当局の方針だった。ここまで述べてきたとおり、和算はすでに「全国区」の学問として人々のあいだに定着しており、そのレベルもきわめて高いものになっていたから、それを生かして数学教育を進めようと考えたのは当然だろう。新政府は、和算家に教科書の編纂を命じた。

しかし、その計画は途中で頓挫《とんざ》している。結果的には欧化政策の流れに逆らうことができず、西洋式の数学（洋算）を学校教育に導入することになった。

250年の歴史を誇る和算は、この決断によって、終焉《しゅうえん》に向かうことを余儀なくされたわけだ。

## 太陰暦から太陽暦への改暦を指導した和算家

とはいえ、和算が明治維新の激動の中で蔑《ないがし》ろにされたわけではない。この時代の転換期に、和算家たちは大きな役割を果たした。

たとえば、改暦。それまで太陰暦を採用していた日本は、明治以降、西洋と同じ太陽暦を採用することになった。

ちなみに太陰暦最後の日は、学制発布と同じ明治5年の12月3日。この日が、太陽暦の初日、明治6年1月1日である。当時の人々は、この年だけ「師走」を3日だけしか過ごさずに「元日」を迎えたことになる。その前夜に除夜の鐘が鳴ったかどうかは、定かではない。

それはともかく、暦となれば数学者の出番である。洋算の導入が決まったとはいえ、まだ「洋算家」はいない。

当然のことながら、この改暦作業で中心的な役割を担ったのは和算家だった。先ほど、安島直円の孫弟子として名前の出てきた内田五観である。

1805年に江戸で生まれた内田五観は、11歳で関流に入門し、18歳で免許皆伝を受けた。

その後、自ら「瑪得瑪弟加塾」を設立。奇妙な名称だが、これは「まてまてかじゅく」と読む。無論、英語の「Mathematics（数学）」に由来するものだ。

また、インド暦法を広める「梵暦運動」の開祖・釈円通に暦学を学び、高野《たかの》長英《ちょうえい》からは蘭学の教えを受けるなど、内田は幅広い知識と教養を身につけていた。１８３４年には、象限儀《しょうげんぎ》とバロメータ（占気筒）で富士山の高さ（３７７６メートル）を測量。このときの計測結果は３４７５・７メートルであった。

数学者としては、いわゆる「ソディの６球連鎖の定理」を西洋よりも先に発見していたことが、もっとも有名な業績だろう。

図のように、球Oに内接する球AとBが外接しているとき、球Oに内接し球AとBに外接する連鎖する球は６個に限られる、という定理だ。

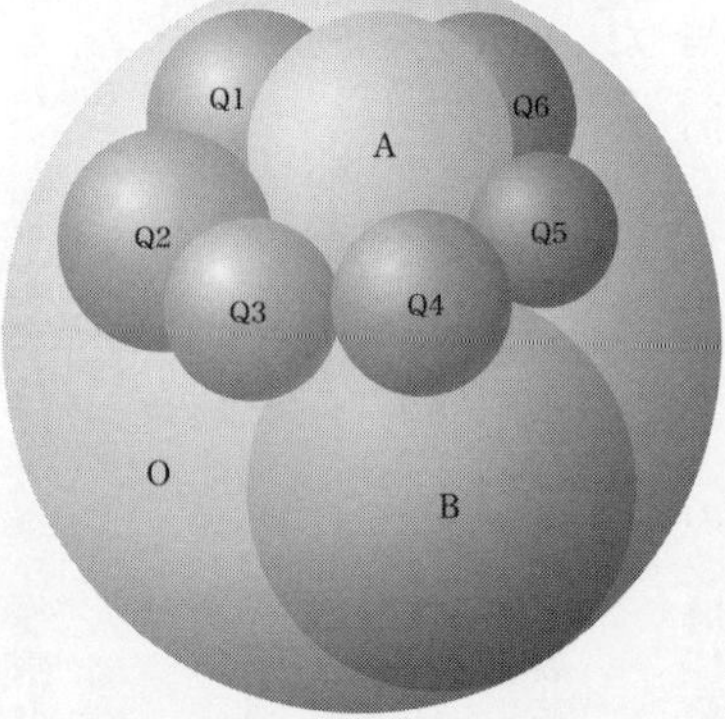

ソディの6球連鎖の定理

１９２１年に原子核崩壊の研究と同位体の理論でノーベル化学賞を受賞したフレドリック・ソディが、西洋で初めてこの定理を発表したのは、１９３６年である。日本でいえば、「昭和11年」だ。

内田は１００年以上も前の１８２２年に、その定理を書いた算額を作り、現在の神奈川県にある寒川神社に奉納していた。江戸時代の算額の中には、「世界最初の大発見」まで含まれていたのである。

江戸時代、暦は天文方という役所で研究されていた。明治政府は、当初は天文暦道局、その後は文部省天文局で研究している。内田はこの文部省天文局で指揮を執る立場になり、太陰暦から太陽暦への改暦をすべきだという結論を出した。この改暦の成功は、和算の実力を如実に示す成果だと言えるだろう。

## 日本で初めて洋算を紹介した『西算速知』

内田五観が文部省天文局で辣腕《らつわん》を振るっていた頃、その下に10歳下の和算家がいた。のちに日本で最初の数学学会を設立した福田理軒《ふくだりけん》である。

兄の福田金塘《きんとう》と共に最上流の和算を習い、天文暦学を京都の塾で学んだ福田は、1834年に兄弟で「順天堂塾」を大坂に開いた。和算と測量の塾だ。

それからおよそ20年後の1856年には、『測量集成』という測量書を執筆。その序文には、「天を測り地を量すは、経世の用務にして言を待たず。軍務の用又これをもって急となす」と書かれている。

1856年といえば、浦賀沖にペリーの黒船が現れてから3年後だ。艦船の大きさや軍備を知るために測量機器を開発するなど、その内容は国土防衛を強く意識したものだった。

さらに福田はその翌年、『西算速知』という本を発表している。これは、日本で最初に西洋の数学を紹介した書物だ。

福田の師である小出兼政《こいでかねまさ》は、オランダ語の書物などを通じて、西洋の知識を豊富に仕入れていた。その小出から、福田は西洋数学の存在を知る。しかし彼はオランダ語に不案内だったため、中国語に訳されたものから『西算速知』を書いた。

この本で、福田はアラビア数字を使わず、漢数字を使用している。また、「＋」や「－」などの計算記号も使わなかった。それを「半洋算」などと揶揄《やゆ》する声もあったらしい。しかし当時はまだ鎖国下の「洋籍の禁」といった法律が残っていたため、あえて使わなかったというのが実情のようだ。

しかし同じ年にやや遅れて江戸で出版された洋算書は、数字や記号などが現代に近い形で紹介されている。柳河春三《やながわしゅんさん》の『洋算用法』がそれだ。

柳河は数学者ではなく、「数学好きの洋学者」だった。ほぼ同時に東西で洋算書が出版され、かたや漢数字、かたやアラビア数字で書かれていたというあたりに、「和算から洋算へ」という時代の流れとその緊張感のようなものを感じる。

明治維新後、新政府に呼ばれた福田は天文局に入り、内田の下で仕事をした。そして、1871（明治4）年に太陽暦への改暦が決定した時点でその職を辞し、6年後の1877（明治10）年、「東京数学会社」を設立。これが日本で最初に作られた学会であり、今日の日本数学会および日本物理学会のルーツでもある。

この東京数学会社には当時活躍していたほとんどの和算家が参加した。和算家だけでなく、のちに東京大学初の日本人数学教授になる菊池大麓《きくちだいろく》や、陸海軍の軍人も名を連ねていた。民間組織でありながら、それだけの人材を集めて数学研究の最高機関を作り上げたあたりにも、和算の底力が感じられる。

西洋数学の手引き書を出版し、最初の学会を興したと聞くと、福田が和算から洋算への切り替えにひどく積極的な人物だったかのような印象を受けるかもしれない。

しかし実際には、福田が和算家として洋算とつきあう姿勢を崩すことはなかった。学制発布の後も、東京数学会社には和算と洋算が混在していたのだ。

学会設立の2年前に発表した『筆算通書』の中で、福田は次のように述べている。

「童子問テ曰ク、皇算洋算何レカ優リ何レカ劣レルヤ。曰ク、算ハコレ自然ニ生ズ。物アレバ必ズ象アリ。象アレバ必ズ数アリ。数ハ必ズ理ニ原キテ以テ其術ヲ生ズ。故ニ其理万邦ミナ同ク、何ゾ優劣アラン。畢竟優劣ヲ云フ者ハ其学ノ生熟ヨリシテ論ヲ成スノミ……」

ここで「皇算」と呼んでいるのは、「和算」のことだ。和算も洋算も数の理論であることに変わりはないから、そこに優劣はない。福田はそう書いた。いち早く洋算を研究した福田は、そこで追求しているものが和算と同じであることを認識していたのだ。一流の和算家として、彼は数学の本質を見極めていたのである。

## 和算なくして洋算の発展はなかった

こうして見てくると、数学にとっての明治維新とは、「和算を捨てて洋算を導入する」という単純なものではなかったことがよくわかる。

たしかに和算というユニークな数学は衰退に向かったが、和算という土壌がなければ洋算の導入がスムースにいかなかったことは間違いない。

学制発布以降、洋算の教科書執筆に携わったのも、当時の和算家たちだった。和算なくして洋算なし——と言っても過言ではないほど、和算の存在意義は大きかったのだ。

日本で最初の西洋数学教育は、ペリー来航の2年後、1855年に長崎海軍伝習所で実施されたものだと言われている。

オランダの海軍士官による海兵教育は、まずオランダ語と数学から始まった。そこでも、和算の素養は役立ったという。

たとえば小野友五郎《おのともごろう》という伝習生は、長谷川数学道場の塾生だった。彼は、オランダ人の教える2次方程式、対数、三角法、それに微分積分までを、ほんの短い期間で理解したらしい。その5年後、小野は測量主任として勝海舟《かつかいしゅう》の咸臨丸《かんりんまる》で米国に渡っている。内田五観や福田理軒もそうだが、江戸から明治という時代の節目を生きた和算家たちは、新しい近代国家の土台作りに大きく貢献した。

『塵劫記』から２５０年、関孝和の活躍から２００年という長い歳月の中で培《つちか》われてきた和算の歴史があったからこそ、明治維新は成功したと言ってもいいだろう。

実に皮肉なことではあるが、和算はその終焉を迎えたときに、最大の真価を発揮したのである。

とはいえ、洋算の導入と同時に和算が完全に消え失せたというわけではない。学校で洋算を教えるようになって以降も、和算の流派は途絶えなかった。そして全国各地の和算家が自分たちのやり方で研究を続け、算額を作り続けている。最後の「算額奉納」が行われたのは、大正時代に入ってからだ。

そうやって、細々ではあるが和算の伝統が続いたのも、その世界が一部のエリートにより「タテ」に発展しただけではなく、「ヨコ」にも広がっていたためだろう。

## 最後の和算家・高橋積胤

とくに東北地方は、一関の千葉胤秀の存在などもあって、和算が根強く生き続けた地域だ。

「最後の和算家」と呼ばれる人物も、東北人だった。宮城県白石市の高橋積胤《たかはしつみたね》である。会田安明の創始した最上流を継承した和算家だ。

その「最後の和算家」が農家の生まれだったというのも、実に和算らしいと言えるだろう。少年時代の高橋は、繁忙期でも家の手伝いをせず、わざわざ山形の寺子屋まで和算を習いに行ったという。

そのため、猫の手も借りたい家族にはさんざん文句を言われた。だが、高橋はそれでも勉強を我慢できなかった。

最上流最後の和算家
高橋積胤

家族ぐるみで子供の受験に取り組んでいる今の日本の家庭では、考えられない光景である。今はまず母親が「中学受験しないといい大学に入れないわよ」と小学生の子供をけしかけ、週に3日も4日も塾に通わせる。

父親のほうは「そんなに勉強させなくても……」と思って

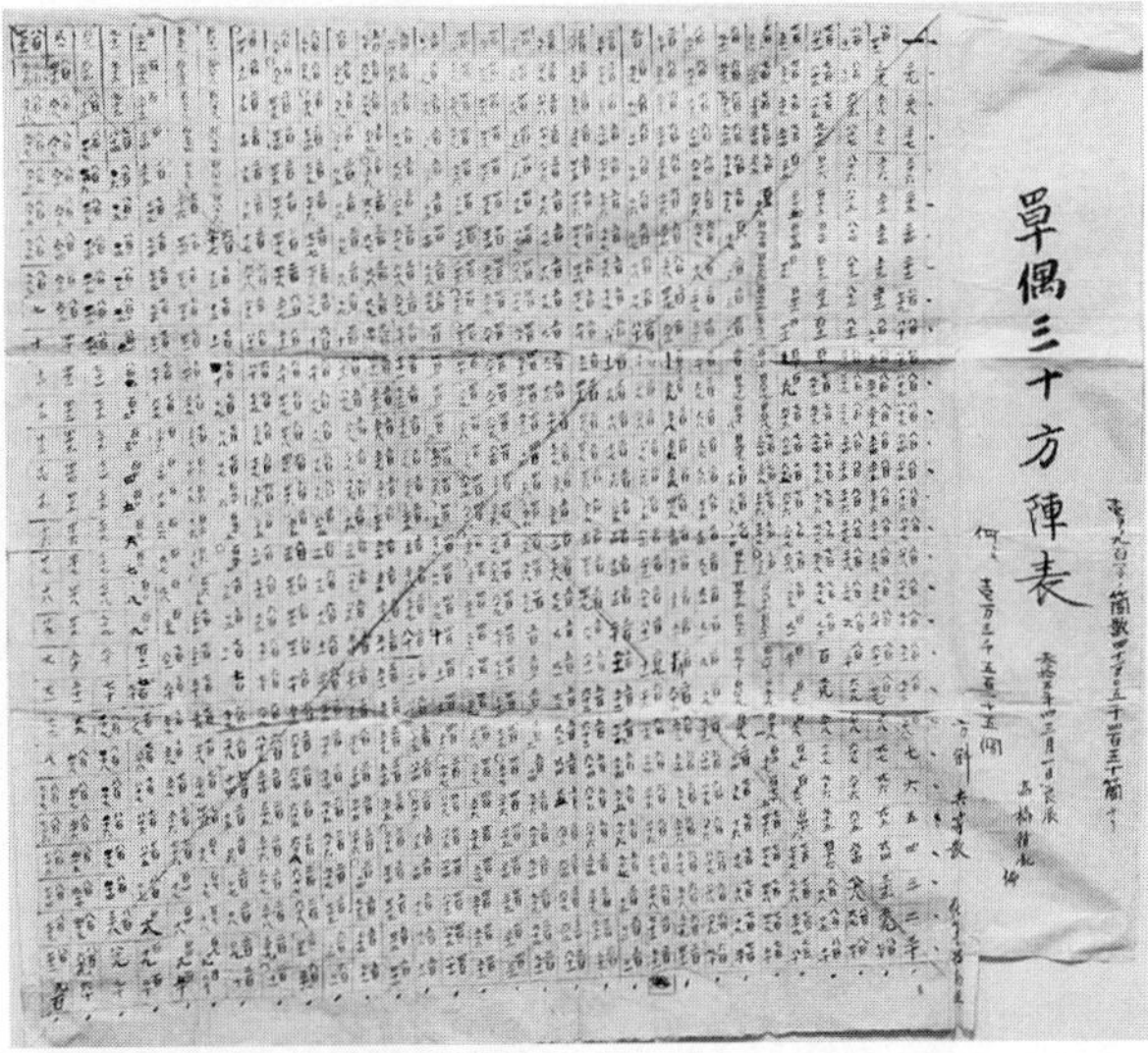


高橋積胤の魔方陣（明治35年作成）

いることが多いようだが、それを口には出せない。少なくとも、自分から「塾に行きたい」と言う子供に向かって、「そんな暇があるなら家の手伝いをしなさい」などと命じる親は皆無だろう。

しかし本来、勉強や学問とは、他人から命じられてやるものではないと私は思う。

自分自身がそれに魅力を感じ、やりたくてやりたくてたまらないから、やる。親に「やめろ」と言われても、やらずにはいられない。それぐらい好きになって取り組むからこそ、どんどん知識や考え方が身につき、大きな成果も上がるのではないだろうか。

親に命令されてイヤイヤ勉強した数学は、受験で勝つための手段にすぎないから、合格した瞬間に忘れてしまう。しかし好きで身につけた数学は、死ぬまで人生を豊かにしてくれるはずだ。

江戸時代の和算は、そういうものだった。何かの役に立てるためではなく、楽しいから学ぶのが日本の数学だったのだ。その意味でも、高橋はきわめて和算家らしい育ち方をしたと言えるのである。

高橋家には、積胤が「100年は開けてはいけない」と言い残した遺品があったのだが、数年前、それがようやく公開された。

それを見ると、100年の時を超えて姿を現した手書きの計算や魔方陣などが、和算の魅力を現代に伝えてくれているかのようだ。そこに充満しているのは、純粋に数学を楽しむ精神にほかならない。

## 「数学嫌い」は「数学好き」の裏返し

現代の日本人にとって、「数学」とはすなわち「洋算」のことである。学校ではそれしか習っていないのだから、当然だ。

そして多くの日本人が、数学とは西洋から輸入した学問であり、明治維新以降の「文明開化」がなければ、この国に数学は存在しなかったかのようなイメージを抱いている。アルファベットや見慣れぬ記号が並んだ数式しか見たことがないのだから、それも無理のないところだろう。

しかし本書で見てきたとおり、日本人に数学をクリエイトする力がないわけでは決してない。

われわれの先祖たちは、自分たちの手と頭を使って、自分たちのための数学を作り上げていた。西洋よりも早く発見した公式や定理も数多い。

そして何より、昔は農村で暮らす庶民までが数学を楽しむ「心」を持っていた。世界のどの国よりも社会全体に「数学的センス」が満ち溢れていたのが、江戸時代の日本だったと私は思っている。

西洋数学は、完璧なまでに世界共通言語としての体系を築き上げてきた。そのことは私も否定しないし、日本人もそれを学んで身につけるべきだろう。

だが、それをブラッシュアップして自分たちだけのユニークな世界を切り開けるかどうかは、われわれ次第だ。

江戸時代の和算家たちは、中国の数学を自ら磨き上げ、それに追いつき追い越してみせた。現代の日本人にも、それができないはずがない。

今の世の中には、「数学嫌い」が多いそうだ。

しかし、「嫌い」は「好き」の裏返しだというのが私の持論である。まったく興味のない対象のことを、人間は嫌いにさえならない。

したがって、「数学が嫌いだ」と言う人は、実は数学のことが気になって気になって仕方がないのである。できれば、それが「好きだ」と言えるようになりたいのである。

江戸時代には、そういう数学への興味を、素直に「好き」へとつなげる空気があった。それは、学問というものの面白さをまっすぐに見つめる視線があったからだろう。

受験に成功するための「手段」ではなく、それ自体を「目的」として楽しむ姿勢。

それさえあれば、寺子屋の子供たちと同じように、今の日本人も数学で遊ぶことができるはずなのである。

# 和算の練習問題

## 一・鶴亀算《つるかめざん》

鶴と亀が数匹（羽）います。
頭数は合計１００頭で、足の数は合計２７２本でした。
鶴は何羽で、亀は何匹でしょうか。

出典『算法点竄指南録』

鶴亀算の歴史は四世紀中国の『孫子算経』に「今有雉兎同籠、上有三十五頭、下九十四足。問雉兎各幾何」とみつけることができます。鶴と亀ではなく、雉《キジ》と兎《ウサギ》だったのです。鶴と亀になったのはこの問題にあげた1815年、坂部広胖著『算法点竄指南録』が最初だといわれています。面白いことに図で示した解法（鶴：(4a-b)/2羽）は歌になって伝承されていたのです。
「鶴問はば、頭の数に四かけて、足数引いて、二で割るべし」

↘ 横×縦＝100×2＝200（本）となるので、上の長方形は、
272－200＝72 となります。
この長方形は、
亀の頭数×2 ですから
亀の頭数＝72÷2＝36 となり、
鶴の頭数＝100－36＝64となります。

答：鶴 64 羽　亀 36 匹

## 【解法】

連立方程式を立てれば簡単に解けてしまう問題です。

鶴を $x$ 羽、亀を $y$ 匹とすると、

頭の合計　$x+y=100$ ……①

足の合計　$2x+4y=272$…②

が成り立ちます。

①×4−②としてyを消去すれば、

$$\begin{array}{rr} & 4x+4y=400 \\ -) & 2x+4y=272 \\ \hline & 2x=128 \\ & x=64 \end{array}$$ ………③

①と③より、

$y=100-64$

$=36$

と求めることができます。

**一般に、頭の合計をa、足の合計をbとすれば、連立方程式は**

**頭の合計　$x+y=\mathrm{a}$**

**足の合計　$2x+4y=\mathrm{b}$**

**となり、これを上記と同じように解けば、**

**$x=(4\mathrm{a}-\mathrm{b})/2$**

**$y=(\mathrm{b}-2\mathrm{a})/2$**

**となります。**

**鶴：(4a−b)/2 羽**

**亀：(b−2a)/2 匹**

この解法は $x$ や $y$ といった代数の力のおかげで機械的に解くことができるのですが、代数の力を使わないで解くにはどうしたらいいでしょう。

それは足の数を面積と考えてあげればいいのです。

横の長さを頭数、縦の長さを一頭当たりの足の数とすれば、

横×縦＝足の本数となります。

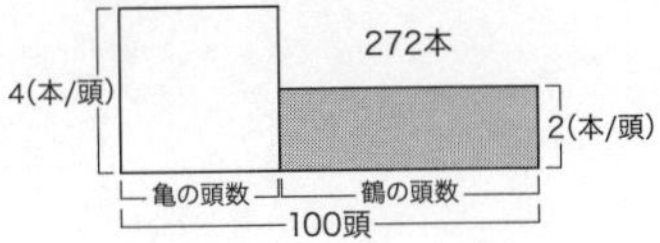


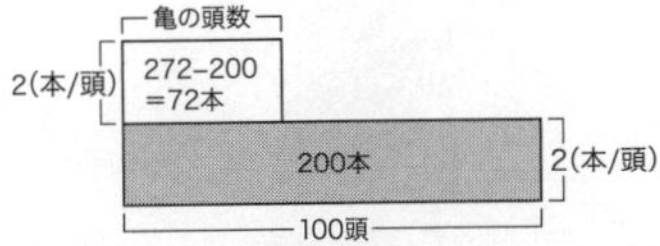


図に描いてみると様子がはっきりわかります。

最初の図の左右の長方形がそれぞれ亀、鶴の足の本数となるのでＬ字型全体の面積が合計本数の 272 に相当します。

そして、下の図のように、このＬ字型長方形を上下の長方形に分けてみます。

すると下の長方形は、↗

## 二・からす算《ざん》

ある島には999の砂浜があります。
それぞれの砂浜には999羽のカラスがいて、
それぞれのカラスが999回ずつ鳴きました。
カラスの鳴き声は、全部で何回でしょうか。

出典『塵劫記』

【解法】


解法は単純です。

999×999×999を計算すればいいだけです。単なる計算練習の問題よりは、この問題のように具体的な情景があるものの方が解きたくもなり、解いた答えにも面白さが感じとられるものです。

『塵劫記』の魅力は一見つまらない計算問題を解きたくなる問題に工夫してあるところだといえます。

電卓を使えば答えは次のようにすぐにでます。

$$999\times999\times999=998001\times999=997002999$$

でもこれでは面白くはないので、計算を少し工夫してみましょう。

まず、

$$\begin{aligned}999\times999&=(1000-1)\times(1000-1)\\&=(1000-2)\times1000+1\times1\\&=998000+1\\&=998001\end{aligned}$$

として、次に、

$$\begin{aligned}998001\times999&=998001\times(1000-1)\\&=998001\times1000-998001\\&=998001000-998001\\&=997002999\end{aligned}$$

とすれば電卓もそろばんも使わずに暗算で解けてしまいます。

答：997002999（9億9700万2999）回

## 三・流水算《りゅうすいざん》

1時間に3㎞の速さで流れる川があります。
川沿いの上流と下流にある2つの村が、
それぞれ相手の村に向けて船を出発させました。
村同士の距離は100㎞、
船はともに時速5㎞だすことができるとすると、
2艘の船は何時間後に出会うでしょうか。

出典『算法稽古図会大成』

【解法】

船の速さは川の流れに対してのものです。地上からみた船の速さは下りでは川の流れの速さが加算され、上りでは減算されます。

下りの船の速さ：5＋3＝8（km/h）
上りの船の速さ：5－3＝2（km/h）

上流と下流にある2つの村からでた2艘の船は1時間あたり、
8－(－2)＝10(km) 近づくことになるので、
船同士が出会うまでには、
100 ÷10 ＝10(時間) かかることになります。

答：10時間後

## 四・俵杉算《たわらすぎさん》

俵が、一番上が1俵、その下が2俵…と、1段ごとに1俵増える形に積まれています。一番下が13俵であるとき、この俵は全部で何俵あるでしょうか。

出典『塵劫記』

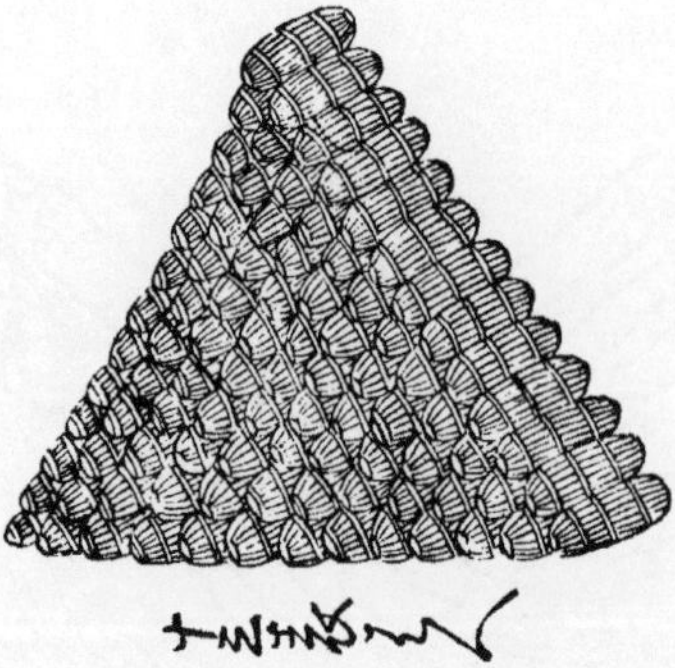

【解法】

上の段から順に俵の数は
1 から 13 までになるからその合計は、
$1+2+3+4+5+6+7+8+9+10+11+12+13$
となります。

$$\begin{array}{rl} S= & 1+2+3+4+5+6+7+8+9+10+11+12+13 \\ +)\ S= & 13+12+11+10+9+8+7+6+5+4+3+2+1 \\ \hline 2S= & 14+14+14+14+14+14+14+14+14+14+14+14+14 \end{array}$$

$$=14\times13$$

$$S=\frac{14\times13}{2}$$

$$=91$$

**一般に、n を自然数とすると次が成り立ちます。**

$$\mathbf{1+2+\cdots+n=n(n+1)/2}$$

この問題では $n=13$ とすればいいことになります。

答：91 俵

## 五・さっさ立《だ》て

友達に碁石を30個渡し、
それを自分からは見えない場所に並べてもらいます。
並べ方のルールは、
・一度に、1個または2個を置く
・何個置くときでも、「さぁ」と1回声を出す
というものです。
友達が「さぁ、さぁ」と言いながら碁石を置き始めました。
30個を置き終わるまでに、「さぁ」の声が18回聞こえたとすると、
「1個置いた」と「2個置いた」のは、それぞれ何回ずつでしょうか。

出典『勘者御伽双紙』

【解法】

碁石を１個だけ置く回数を $x$ 回とすると、
２個置く回数は 18 － $x$ 回になります。
すると、置いた碁石の総数の等式は次のようになります。

$$x\times1+(18-x)\times2=30$$

これを解くと、$x=6$ となります。つまり、１個置いた回数は６回で、
２個置いた回数は 12回となります。

**一般に、碁石の総数を a 個、かけ声の回数を n 回とすると、**

$$x\times1+(n-x)\times2=a$$
$$x+2n-2x=a$$
$$x=2n-a$$

**つまり、２個置く回数は、**

$$n-x=n-(2n-a)=a-n$$

**となります。**
**１個置く回数：2n－a、２個置く回数：a－n**

答：「1個」を６回、「2個」を12回置いた。

## 六・絹盗人算《きぬぬすびとざん》

絹の反物を盗んできた盗人たちが、
盗んだ反物を何反ずつ分けるか相談しています。
最初に8反ずつ分けたところ、
全員に分けるには7反足りませんでした。
そこで7反ずつ分けたところ、今度は8反余ります。
盗人たちは何人で、盗んだ反物は何反でしょうか。

出典『塵劫記』

【解法】


これも鶴亀算と同じように絵を描いて考えることができます。

横の長さを盗人の数、縦の長さを一人に配る反物の数とすれば、横×縦である長方形の面積は反物の合計数となります。

すると、８反ずつ分ける場合は図１のように右上が７反分欠けた形の面積が盗んだ反物の総数になります。

７反ずつ分ける場合は図２のように左上が８反分余った形の面積が盗んだ反物の総数になります。

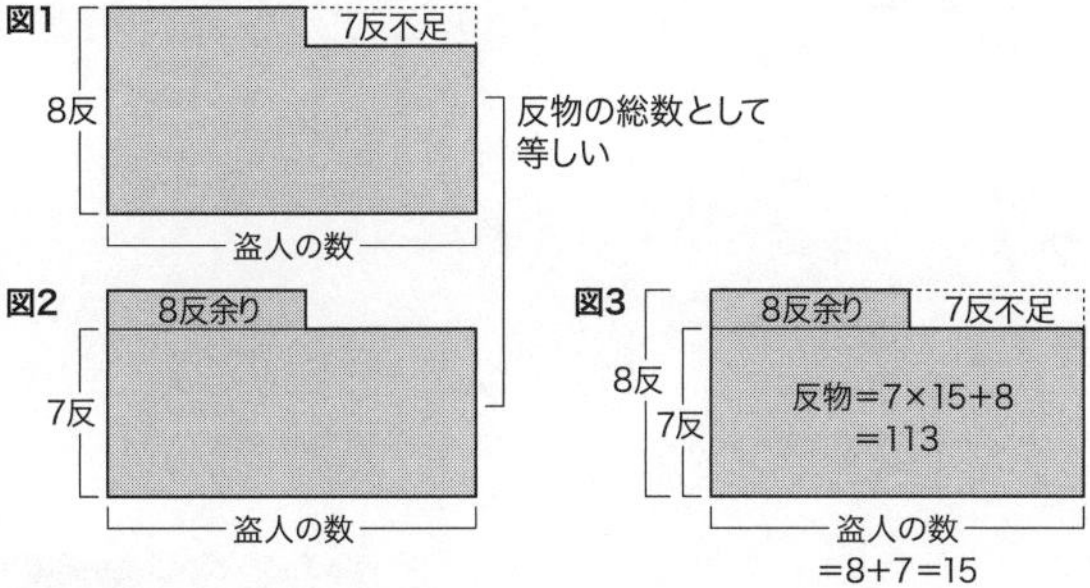


はたして、この二つの図をながめると二つとも同じ形になることがわかります。
横、つまり盗人の数は８＋７＝15となります。
面積、つまり盗んだ反物は７×15＋８＝113となります。

答：盗人は15人　反物は113反

## 七・薬師算《やくしざん》

碁石を並べて一辺8個ずつの正方形を作りました。
並べるのは辺だけで、内側には置きません。
次に、一辺の碁石8個だけを残して、
残りの碁石を辺に沿うように8個ずつ並べていきました。
並べ終わったとき、
左端の碁石が4つだったとすると、碁石は全部でいくつでしょうか。

出典『塵劫記』

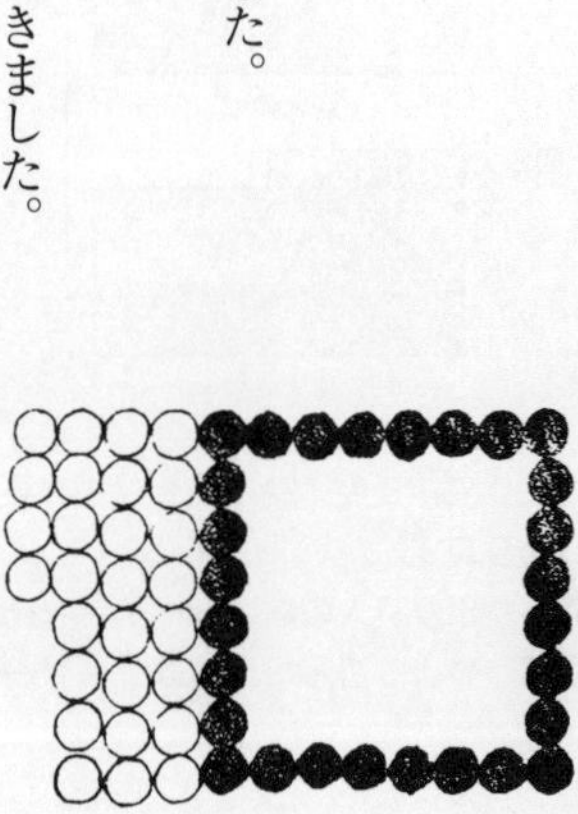

この問題のポイントは解法にでてくる12にあります。
薬師如来は12の大願を成就させました。
12といえば薬師如来を連想させたのです。
これが薬師算の名の由来だと考えられています。

## 【解法】

実は問題文にある一辺の８個というのは必要ない数なのです。図を用いてそれを説明してみましょう。一辺にａ個の碁石があるとすると、正方形の辺にある碁石は全部で 4a－4 個あることになります。さて、その 4a－4 個の碁石を一辺をａ個ごとに並べ直していきます。すると３列並べ終わったところで４列目に何個か残ることになります。その数は(4a－4)－3a＝a－4個となります。これが４個だというのですから、a－4＝4 より、a＝8 とわかります。おわかりでしょうか、問題文に一辺が８個と与えられなくてもよいことが示されるのです。したがって、碁石は 4×8－4＝28 個とわかります。

図1

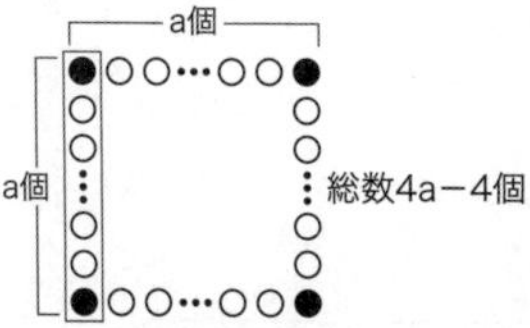


図2

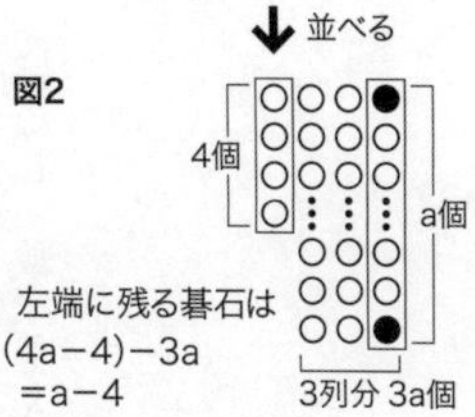


さて、この結果を振り返ってみると次の事実が判明します。

図3

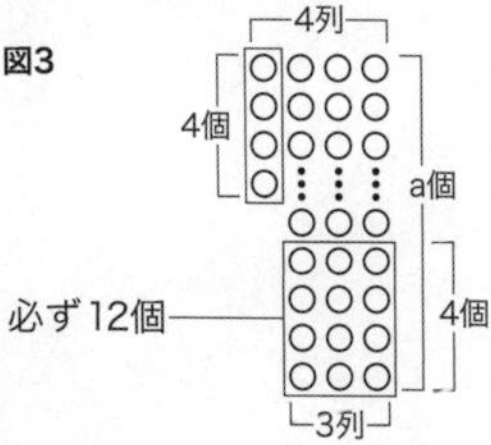


図２で左側に残った碁石がａ－４個であるということは、右側の３列ある部分の下の碁石の数はａ－(a－4)＝4 個ということです。すると図３のように下の四角で囲まれた部分には常に 4×3＝12 個の碁石があることになるのです。これより、この問題の解法は次のように表すことができます。

碁石の数＝(左端に残った碁石の数)×4＋12

これより、4×4＋12＝28 個となります。

答：28 個

## 八・虫食い算

米を銀で購入した記録がありますが、一部が虫食いになっています。
「米を２７３石《こく》買った。１石につき□□匁《もんめ》だったので、合計□□□４５匁支払った」
□の部分には１桁の数字が入ります。
この記録を元に、□に正しい数字を入れてください。

出典『算学稽古大全』

## 【解法】

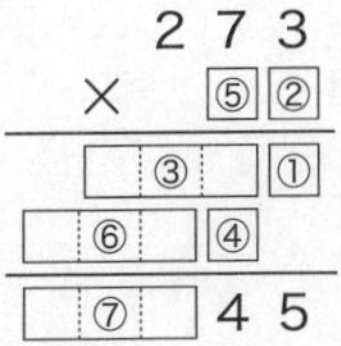


❶ 答えの1の位が5なので、①＝5。
❷ 3に掛けて1の位が5になる数は5だけです。②＝5。
❸ 273×②＝273×5＝1365なので、③＝136。
❹ ③の136の6と④を足して答えの10の位の4になります。
6＋④＝…4より、④＝8。
❺ 273の3に掛けて1の位が④つまり8になる数は6だけです。⑤＝6。
❻ 273×⑤＝273×6＝1638より⑥＝163。
❼ 1365+16380＝17745、
つまり273×65＝17745ということで、⑦＝177。

答：「米を273石買った。1石につき65匁だったので、合計17745匁支払った」

## 九・運賃算《うんちんざん》

250石《こく》の米を、船で運ぶことにしました。
運び賃は米で払うことになっており、
米100石あたり7石を支払う必要があります。
運賃をこの250石の中から支払ってから運ぶとすると、
運賃はいくらになるでしょうか。

出典『塵劫記』

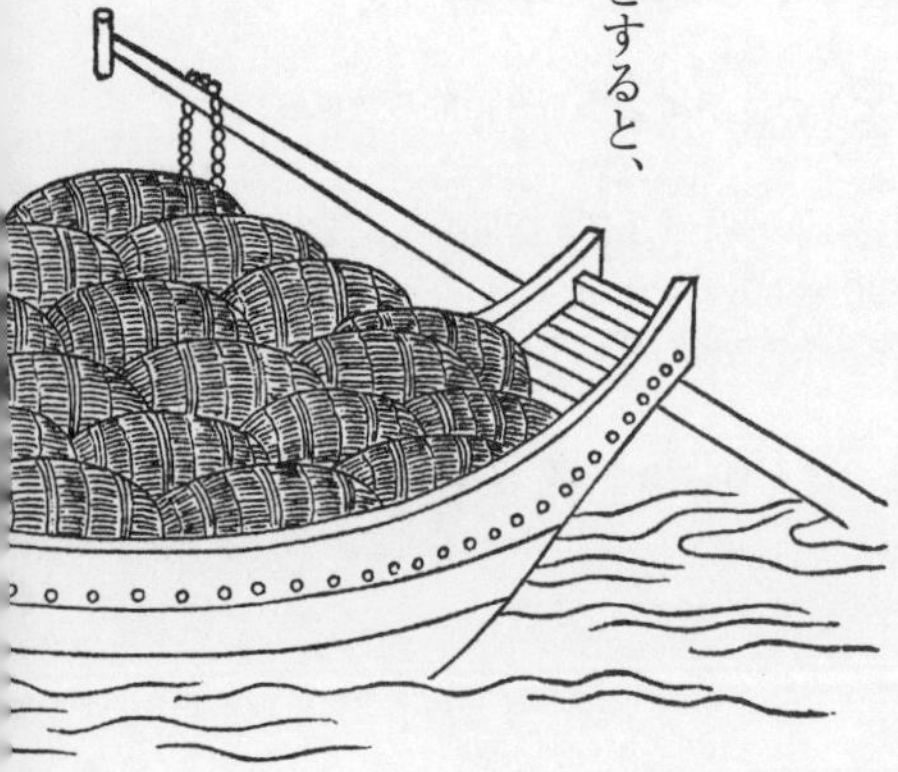

【解法】

1石あたり7/100石の運賃が必要なので、250石に対しては250×7/100石の運賃が必要なのかと思われますが、運ぶ前に運賃相当の米を除いてしまいますから実際に運ぶ米は250石よりも少なくなります。その点を考慮して方程式を立ててみましょう。

運賃が$x$石かかるとすると、250−$x$石が実際には運ばれることになるので運賃についての次の等式が成り立ちます。

$$x=(250-x)\times(7/100)$$
$$(1+7/100)x=250\times(7/100)$$
$$107x=250\times 7$$
$$x=1750/107$$
$$=16.355140\cdots$$

答：16石3斗5升5合1勺4抄

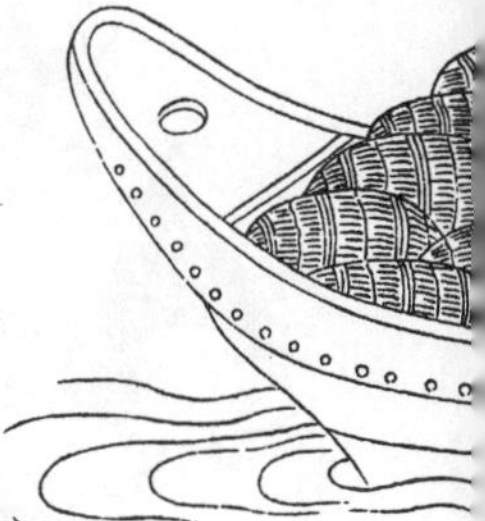

## 十・百五減算

碁石をいくつか袋に入れておきます。
その碁石を、最初は7個ずつ袋から出してもらい、
袋の中身が7個より少なくなったときに、その余った個数を言ってもらいます。
次に、碁石をすべて袋に戻して、
今度は5個ずつ取り出して同じことをし、
さらに3個ずつでもやってもらいました。
その結果、7個ずつ取り出したときは2個、
5個ずつのときは1つ、
3個ずつのときは2つ残ったといいます。
最初に袋に入れておいた碁石はいくつでしょうか。

出典『塵劫記』

この「百五減算」はもともと中国の『孫子算経』にあった問題です。
それが日本には奈良時代に伝わりました。
最後に繰り返し引く105は7と5と3の最小公倍数です。

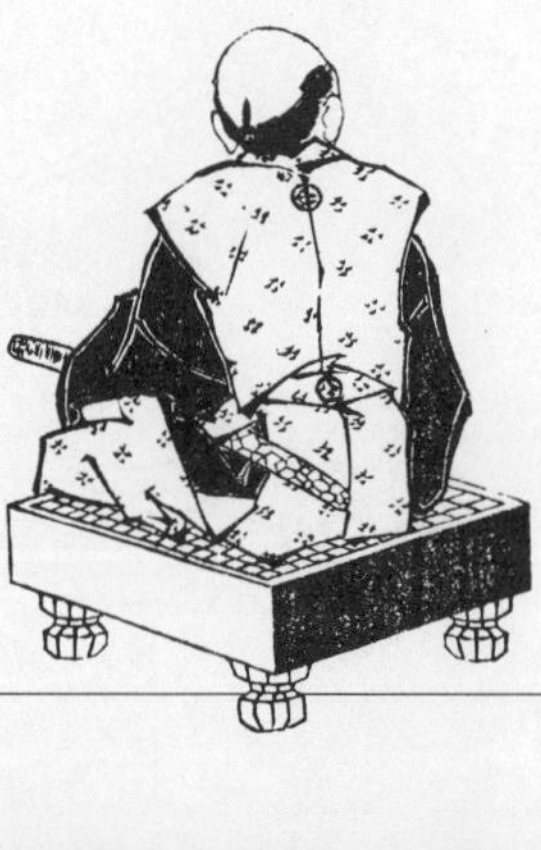

**【解法】**

碁石の総数をN個、
7個取り出す回数を$x$回、残りをa個、
5個取り出す回数を$y$回、残りをb個、
3個取り出す回数を$z$回、残りをc個とします。

$N=7x+a$　…①
$N=5y+b$　…②
$N=3z+c$　…③

すると、

$$
\begin{array}{rll}
 & ①\times 15 & 15N=105x+15a \\
 & ②\times 21 & 21N=105y+21b \\
+) & ③\times 70 & 70N=210z+70c \\
\hline
 & & 106N=105(x+y+2z)+(15a+21b+70c)
\end{array}
$$

これを次のように変形することができます。

$$
\begin{aligned}
N&=105(x+y+2z)+(15a+21b+70c)-105N \\
&=105(x+y+2z-N)+(15a+21b+70c) \\
&=(15a+21b+70c)-105(N-x-y-2z) \\
&=(15a+21b+70c)-105\times(\text{自然数})
\end{aligned}
$$

したがって、次のように計算すればよいことになります。
7個取り出した残りに15を掛けて、$2\times15=30$
5個取り出した残りに21を掛けて、$1\times21=21$
3個取り出した残りに70を掛けて、$2\times70=140$
この3つの合計$30+21+140=191$。次に、
これから105を、答えがマイナスになる手前まで繰り返し引きます。
$191-105=86$、ここで終わり。

答：86個

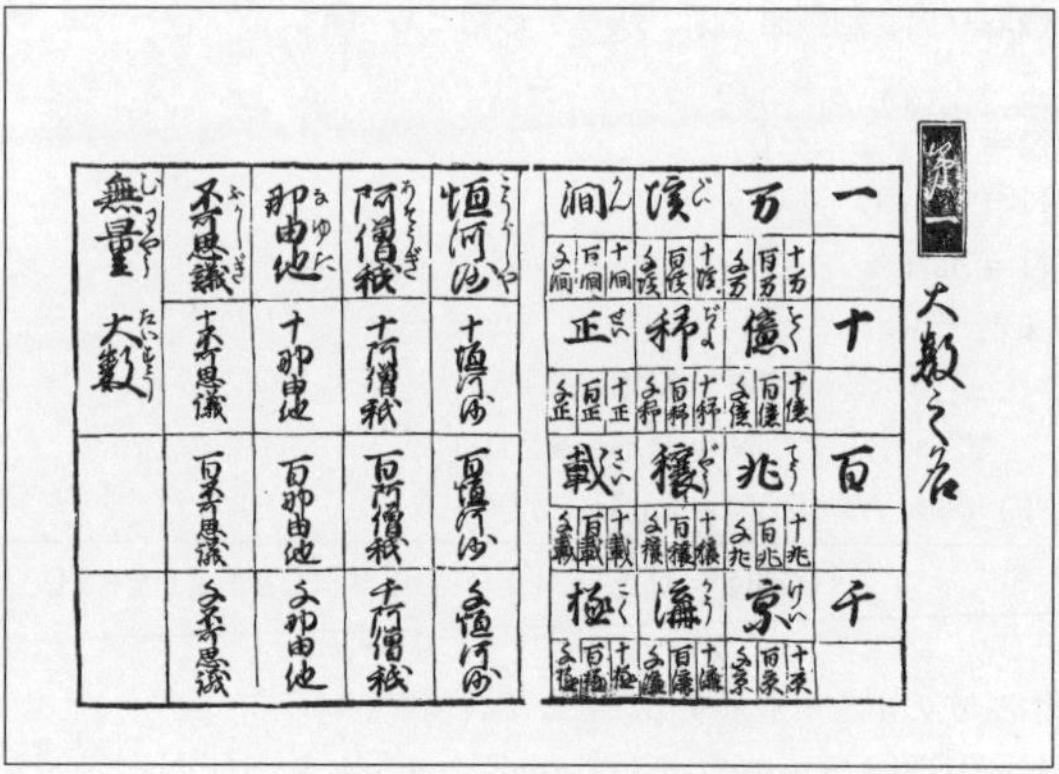

第一

大数之名

| | | | |
|---|---|---|---|
| 一 | 万 | 垓 | 澗《かん》 |
| | 十万 百万 千万 | 十垓 百垓 千垓 | 十澗 百澗 千澗 |
| 十 | 億《をく》 | 秭 | 正《せい》 |
| | 十億 百億 千億 | 十秭 百秭 千秭 | 十正 百正 千正 |
| 百 | 兆《てう》 | 穣《じやう》 | 載《さい》 |
| | 十兆 百兆 千兆 | 十穣 百穣 千穣 | 十載 百載 千載 |
| 千 | 京《けい》 | 溝《こう》 | 極《こく》 |
| | 十京 百京 千京 | 十溝 百溝 千溝 | 十極 百極 千極 |

| | | | | |
|---|---|---|---|---|
| 恒河沙《ごうがしや》 | 阿僧祇《あそうぎ》 | 那由他《なゆた》 | 不可思議《ふかしぎ》 | 無量《むりやう》大数《たいすう》 |
| 十恒河沙 | 十阿僧祇 | 十那由他 | 十不可思議 | |
| 百恒河沙 | 百阿僧祇 | 百那由他 | 百不可思議 | |
| 千恒河沙 | 千阿僧祇 | 千那由他 | 千不可思議 | |

本書は二〇〇九年二月、集英社インターナショナルより刊行された
『江戸の数学教科書』を、文庫化にあたり改題したものです。

集英社文庫

夢中《むちゅう》になる！江戸《えど》の数学《すうがく》

2012年8月25日 第1刷
2019年8月27日 第10刷

定価はカバーに表示してあります。

著者 桜井《さくらい》 進《すすむ》
発行者 徳永 真
発行所 株式会社 集英社
東京都千代田区一ツ橋2-5-10 〒101-8050
電話 【編集部】03-3230-6095
【読者係】03-3230-6080
【販売部】03-3230-6393（書店専用）
印刷 凸版印刷株式会社
製本 凸版印刷株式会社

フォーマットデザイン アリヤマデザインストア　マークデザイン 居山浩二


ISBN978-4-08-746876-2 C0195